U0259015

阜阳职业技术学院

安徽省高水平高职教材

安徽省地方技能型高水平大学项目建设成果

数控技术专业系列教材编委会

主　　任　张道远　田　莉

副 主 任　杨　辉　慕　灿　王子彬

委　　员　万海鑫　张朝国　许光彬　王　宣
刘志达　张宣升　张　伟　钱永辉
刘青山　尚连勇　黄东宇

特邀委员　王子彬（安徽临泉智创精机有限公司）
靳培军（阜阳华峰精密轴承有限公司）
李　宁（淮海技师学院）
朱卫胜（阜阳技师学院）
曾　海（阜阳市第一高级职业中学）

安徽省高水平高职教材

普通高等学校数控类精品教材

数控车床

实训指导与实习报告

第2版

主　　编　张朝国　朱卫胜

副 主 编　徐大帅　李小龙

编写人员（以姓氏笔画为序）

王　彬　朱卫胜　杨　辉

李小龙　张朝国　徐大帅

钱永辉　常　枫　曾　海

中国科学技术大学出版社

内容简介

本书以培养学生的数控车削编程与加工技能为核心，以工作过程为导向，以典型工作任务为载体，采用项目教学的方法将数控车床的基本操作、编程方法与技巧、数控车削加工工艺有机地结合起来，重点培养学生的数控车削编程与加工能力、自学能力、创新能力以及综合职业能力，加强学生工匠精神的培养与提升。

本书的内容主要以CAK6140-FANUC-0i系统车床为基础编写，共分18个项目，包括安全文明教育及车床维护、数控车床的认识与基本操作、外圆及端面加工、圆锥面加工、切槽与切断加工、螺纹加工等。全书以编程原理—编程举例—数控加工为主线安排内容，易于使读者掌握，并且可在实习实训中做到目标明确。

本书可作为高职高专院校和中等职业学校数控技术、机电一体化、机械制造等专业的教材，也可作为工程技术人员以及自学者的参考用书。

图书在版编目(CIP)数据

数控车床实训指导与实习报告/张朝国，朱卫胜主编. —2版. —合肥：中国科学技术大学出版社，2020.10

ISBN 978-7-312-05033-6

Ⅰ. 数…　Ⅱ. ①张…②朱…　Ⅲ. 数控机床—车床—高等职业教育—教学参考资料　Ⅳ. TG519.1

中国版本图书馆CIP数据核字(2020)第160277号

数控车床实训指导与实习报告

SHUKONG CHECHUANG SHIXUN ZHIDAO YU SHIXI BAOGAO

出版　中国科学技术大学出版社
　　安徽省合肥市金寨路96号，230026
　　http://press.ustc.edu.cn
　　https://zgkxjsdxcbs.tmall.com

印刷　安徽省瑞隆印务有限公司

发行　中国科学技术大学出版社

经销　全国新华书店

开本　787 mm×1092 mm　1/16

印张　13

字数　333千

版次　2014年11月第1版　2020年10月第2版

印次　2020年10月第2次印刷

定价　39.00元

总　　序

盛　鹏
（阜阳职业技术学院院长）

职业院校最重要的功能是向社会输送人才，学校对于服务区域经济和社会发展的重要性和贡献度，是通过毕业生在社会各个领域所取得的成就来体现的。

阜阳职业技术学院从1998年改制为职业院校以来，迅速成为享有较高声誉的职业学院之一，主要就是因为她培养了一大批德才兼备的优秀毕业生。他们敦品励行、技强业精，为区域经济和社会发展做出了巨大贡献，为阜阳职业技术学院赢得了"国家骨干高职院校"的美誉。阜阳职业技术学院已培养出4万多名毕业生，有的成为企业家，有的成为职业教育者，还有更多的人成为企业生产管理一线的技术人员，他们都是区域经济和社会发展的中坚力量。

阜阳职业技术学院2012年被列为"国家百所骨干高职院校"建设单位，2015年被列为安徽省首批"地方技能型高水平大学"建设单位，2019年入围教育部首批"1+X证书"制度试点院校。学校通过校企合作，推行了计划双纲、管理双轨、教育"双师"、效益双赢，人才共育、过程共管、成果共享、责任共担的"四双四共"运行机制。在建设中，不断组织校企专家对建设成果进行总结与凝练，取得了一系列教学改革成果。

我院数控技术专业是国家重点建设专业，拥有中央财政支持的国家级数控实训基地。为巩固"地方技能型高水平大学"建设成果，我们组织一线教师及行业企业专家修订了先前出版的"国家骨干高职院校建设项目成果丛书"。修订后的丛书结合SP-CDIO人才培养模式，把构思（Conceive）、设计（Design）、实施（Implement）、运作（Operate）等过程与企业真实案例相结合，体现出专业技术技能（Skill）培养、职业素养（Professionalism）形成与企业典型工作过程相结合的特点。经过同志们的通力合作，并得到合作企业的大力支持，这套丛书于2020年6月起陆续完稿。我觉得这项工作很有意义，期望这些成果在职业教育的教学改革中发挥引领与示范作用。

成绩属于过去，辉煌需待开创。在学校未来的发展中，我们将依然牢牢把握育人是学校的第一要务，在坚守优良传统的基础上，不断改革创新，提高教育教学质量，加强学生工匠精神的培养与提升，培育更多更好的技术技能人才，为区域经济和社会发展做出更大贡献。

我希望丛书中的每一本书，都能更好地促进学生对职业技能的掌握，希望这套丛书越编越好，为广大师生所喜爱。

是为序。

2020 年 6 月

前 言

随着我国机械制造业的发展，数控设备的广泛普及和数字化程度的不断提高，社会需要大量的数控技术人才。本书根据《教育部关于以就业为导向深化高等职业教育改革的若干意见》提出的高等职业院校必须把培养学生动手能力、实践能力和可持续发展能力放在突出地位，促进学生的技能培养，以及教材内容要紧密结合生产实际，并注意及时跟踪先进技术的发展的精神而编写，旨在加强学生工匠精神的培养与提升。编者依据高水平大学建设经验，结合原版教材近几年的实际应用效果，对全书进行了修订。

全书共分 18 个项目，各项目分别针对不同内容，从入门知识、安全教育开始，介绍了数控车床的基本操作、数控车床程序编制的基本方法、外轮廓的加工实例、内轮廓的加工实例、非圆曲面零件加工、CAXA 软件编程加工以及综合练习题等内容，每个项目都为教师提供了实训依据，从机械识图、材料、公差配合、测量到工艺、编程与操作都有针对性地设置了思考题和实习报告，减轻了指导教师的负担。

本书内容主要以 CAK6140-FANUC-0i 系统车床为基础，突出以下特点：

(1) 以工作过程为导向，以典型工作任务为载体。

(2) 职业教育特点明显，内容以职业技能教学大纲为依据，突出实践性。

(3) 强调普通车床加工工艺与数控车床编程的有机结合。

(4) 从编程到加工列举了有针对性的案例，供读者学习与实践。

(5) 以编程原理—编程举例—数控加工为主线，使学生在实训时有目的、有方向。

(6) 每次实习都须完成相关的作业和实习报告，可帮助学生及时巩固与复习所学知识。

本书由阜阳职业技术学院张朝国(编写项目七、八、十七、十八)、阜阳技师学院朱卫胜(编写项目一、二)任主编，阜阳技师学院徐大帅(编写项目三、四)和阜阳工业经济学校李小龙(编写项目五、六)任副主编，参加编写的还有阜阳职业技术学院杨辉(编写项目十五、十六)、钱永辉(编写项目九、十),芜湖甬微制冷配件有限公司王彬(编写项目十二),阜阳市第一高级职业中学曾海(编写项目十三、十四)和阜阳理工学校常枫(编写项目十一)。在编写过程中,编者参考了兄弟院校的教材和资料,得到了有关教师和工程技术人员的大力支持和技术指导,在此表示感谢。

本书可作为高职高专院校、中等职业学校和技工院校数控技术、机电一体化、机械制造等专业的教学用书,也可作为工程技术人员以及自学者的参考用书。

由于编者水平有限,加之时间仓促,书中存在缺点和错误在所难免,恳请读者指正。

编　者

目　　录

项目一　安全文明教育及车床维护

实 训 指 导

实训目的

1. 培养学生的安全意识，养成文明操作的良好习惯。
2. 掌握数控车床的日常维护与保养知识。
3. 了解数控车床维护与保养的过程。

实训要求

严格遵守安全操作规程及各项规章制度，提高遵守纪律的自觉性。

实训器材

本实训项目所需的主要设备、材料包括：FANUC 系统数控车床、数控车床操作规程、数控车床维护手册，应提前做好准备。

相关知识点分析

一、文明生产和安全操作规程

（一）文明生产

文明生产是机械加工时应遵循的基本原则，也体现了个人的基本职业道德。数控加工是一种先进的加工方法，它与普通车床加工相比，具有对复杂形状加工能力强、生产效率高、精度高等优点。所以，管好、用好、修好数控车床，显得尤为重要。操作者除了需要掌握数控车床的性能及操作以外，还必须养成文明生产的工作习惯和严谨的工作作风，具有较好的职业素质、责任心和良好的合作精神。

操作时应做到以下几点：

(1) 严格遵守数控车床的安全操作规程，熟悉数控车床的操作顺序。

(2) 保持数控车床周围环境的卫生清洁。

(3) 操作人员应穿戴好工作服、工作帽，不得穿戴有可能带来危险的服饰品。

(二) 安全操作规程

1. 车床启动前的注意事项

(1) 数控车床启动前，要熟悉数控车床的性能、结构、传动原理、操作顺序及紧急停车方法。

(2) 检查润滑油和齿轮箱内的油量情况。

(3) 检查并紧固螺钉，不得松动。

(4) 清扫车床周围环境，车床和控制部分保持清洁，不得取下罩盖开动车床。

(5) 校正刀具，并达到使用要求。

2. 调整程序时的注意事项

(1) 使用正确的刀具，严格检查车床原点、刀具参数是否正常。

(2) 确认运转程序和加工程序是否一致。

(3) 不得超载荷运行。

(4) 在车床停机时进行刀具调整，确认刀具在换刀过程中不和其他部位发生碰撞。

(5) 确认工件的夹具是否有足够的强度。

(6) 程序调整好后，要进行校验和首件试切，确认无误后，方可开始加工。

3. 车床运转中的注意事项

(1) 车床启动后，在车床自动连续运转前，必须监视其运转状态。

(2) 确认冷却液输出是否通畅，流量是否充足。

(3) 车床运转时，应关闭防护罩，并且不得调整刀具和测量工件尺寸，手不得靠近旋转的刀具和工件。

(4) 停机时除去工件和刀具上的切屑。

4. 加工完毕时的注意事项

(1) 清扫车床。

(2) 涂防锈油，润滑车床。

(3) 关闭系统，关闭电源。

二、维护保养的意义和基本知识

(一) 维护保养的意义

数控车床使用寿命的长短和故障率的高低，不仅取决于车床的精度和性能如何，很大程度上也取决于能否正确地使用和维护机床。正确地使用设备能防止设备非正常磨损，避免突发故障，精心地维护设备可使设备保持良好的运行状态，延缓劣化进程，及时发现和消除隐患于未然，从而保障车床安全运行，保证企业的经济效益，实现企业的经营目标。因此，车床的正确使用与精心维护是贯彻设备管理以防为主的重要环节。

（二）维护保养必备的基本知识

数控车床具有集机、电、液、气于一体，技术密集和知识密集的特点。因此，数控车床的维护人员不仅要有机械加工工艺及液压、气动方面的知识，也要具备电子计算机、自动控制、驱动及测量技术等方面的知识，这样才能全面了解、掌握数控车床以及做好车床的维护保养工作。维护人员在维修前应详细阅读数控车床有关说明书，对数控车床有一个详细的了解，包括车床结构特点、数控车床的工作原理以及电缆连接方式方法。

三、数控车床的日常维护

数控车床使用一定时间之后，某些元器件或机械部件将会损坏。为了延长元器件的寿命和零部件的磨损周期，防止各种故障，特别是恶性事故的发生，延长整个数控车床系统的使用寿命，须对数控车床进行日常维护。具体的日常维护保养的要求，在数控车床的使用、维修说明书中都有明确的规定。总的来说，要注意以下几个方面：

（一）制定数控车床日常维护的规章制度

根据各种部件的特点，确定各自的保养条例。如明文规定哪些地方需要天天清理、哪些部件需要定时加油或定期更换等。

（二）应尽量少开数控柜和强电柜的门

加工车间的空气中一般都含有油雾、飘浮的灰尘甚至金属粉末，它们一旦落在数控装置内的印刷线路板或电子器件上，容易引起元器件间绝缘电阻下降，并导致元器件及印刷线路的损坏。因此，除非进行必要的调整和维修，否则不允许随意开启柜门，更不允许加工时敞开柜门。

（三）定时清理数控车床的散热通风系统

应每天检查数控车床上各个冷却风扇工作是否正常。视工作环境的状况，每半年或每季度检查一次风道过滤通路是否有堵塞现象。如过滤网上灰尘积聚过多，需及时清理，否则将会引起数控车床内温度过高（一般不允许超过 55 ℃），致使数控车床不能可靠地工作，甚至发生过热报警现象。

（四）定期检查和更换直流电机电刷

虽然在现代数控车床上有用交流伺服电机和交流主轴电机取代直流伺服电机和直流主轴电机的倾向，但广大用户所用的大多还是直流电机。电机电刷的过度磨损将会影响电机的性能，甚至造成电机损坏。因此，应定期对电机电刷进行检查和更换。检查周期随车床使用频繁程度而定，一般为每半年或一年检查一次。

（五）经常检查数控车床电压

数控车床通常允许电压在额定值的10％～15％内波动。如果超出此范围就会造成系统不能正常工作，甚至会引起数控车床内的电子部件损坏。因此，需要经常检查数控车床电压。

（六）存储器电池需要定期更换

如存储器采用 CMOS RAM 器件，为了确保在数控车床不通电期间能保持存储内容，存储器设有可充电电池维持电路。在正常电源供电时，由＋5 V 电源经一个二极管向 CMOS RAM 供电，同时对可充电电池进行充电；当电源停电时，则改由电池供电维持 CMOS RAM 所存储的信息。在一般情况下，即使电池尚未失效，也应每年更换一次，以确保车床能正常工作。电池的更换应在 CNC 装置通电状态下进行。

（七）数控车床长期不用时的维护

为提高数控车床的利用率并降低数控车床的故障率，数控车床长期闲置不用是不可取的。若数控车床长期处在闲置的情况下，需要注意以下两点：一是要经常给车床通电，特别是在温度较高的多雨季节更是如此。在车床锁住不动的情况下，让系统空运行以利用电器元件本身的发热来驱散数控装置内的潮气，保证电子部件性能的稳定、可靠。实践表明，在空气湿度较大的地区，经常通电是降低故障率的一个有效措施。二是如果数控车床的进给轴和主轴采用直流电机来驱动，应将电刷从直流电机中取出，以免由于化学腐蚀作用，使换向器表面腐蚀，造成换向性能受损，导致整台电机损坏。

（八）备用印刷线路板的维护

印刷线路板长期不用是容易出故障的。因此，对于已购置的备用印刷线路板应定期装到数控车床上通电并运行一段时间，以防损坏。

数控车床日常保养内容见表 1.1。

表 1.1　数控车床日常保养一览表

序号	检查周期	检查部位/项目	检查要求
1	每天	导轨润滑油箱	检查油标、油量，及时添加润滑油，润滑泵能定时启动及停止
2	每天	X、Z 轴向导轨面	清除切屑及脏物，检查润滑油是否充分、导轨面有无划伤损坏
3	每天	压缩空气压力	检查气动控制系统压力，应在正常范围
4	每天	气源自动分水过滤器	及时清理分水器中滤出的水分，保证自动工作正常
5	每天	气液转换器和增压器油面	发现油面不够时及时补足油面
6	每天	主轴润滑恒温油箱	工作正常，油量充足并调节温度范围
7	每天	车床液压系统	油箱、液压泵无异常噪声，压力指示正常，管路及各接头无泄漏，工作油面高度正常
8	每天	液压平衡系统	平衡压力指示正常，快速移动时平衡阀工作正常
9	每天	CNC 的输入/输出单元	清洁光电阅读机，确保机械结构润滑良好
10	每天	各种电器柜散热通风装置	各电器柜冷却风扇工作正常，风道过滤网无堵塞

续表

序号	检查周期	检查部位/项目	检查要求
11	每天	各种防护装置	导轨、车床防护罩等应无松动、漏水
12	每半年	滚珠丝杠	清洗丝杠上旧的润滑脂，涂上新油脂
13	每半年	液压油路	清洗溢流阀、减压阀、滤油器，清洗油箱底，更换或过滤液压油
14	每半年	主轴润滑恒温油箱	清洗过滤器，更换润滑脂
15	每年	检查并更换直流伺服电动机碳刷	检查换向器表面，吹净碳粉，去除毛刺，更换长度过短的电刷，并应跑合后才能使用
16	每年	润滑液压泵，清洗滤油器	清理润滑油池底，更换滤油器
17	不定期	检查各轴导轨上镶条、压滚轮松紧状态	按车床说明书调整
18	不定期	冷却水箱	检查液面高度，冷却液太脏时需要更换并清理水箱底部，经常清洗过滤器
19	不定期	排屑器	经常清理切屑，检查排屑器是否被卡住等
20	不定期	清理废油	及时清除滤油池中废油，以免外溢
21	不定期	调整主轴驱动带松紧	按车床说明书调整

实训注意事项

1. 要在指定的时间和地点完成本项目的实训操作，并按要求填写实训报告，按时呈报指导教师。

2. 要严格执行《实训车间安全操作规程》《数控车床文明生产规定》和《数控车床基本操作规程》。

3. 本项目实训中特别应注意以下几点：

(1) 电器柜和操作台有中压、高压终端时，不得随意打开电器柜与操作台。

(2) 检查润滑油箱的液位是否在规定的液位线上，不足时应及时补充，并对手动润滑部位进行润滑，要用指定的润滑油和液压油。

(3) 车床出现电器和机械故障时，应及时停机并报告专业技术人员处理，不得让车床带故障工作或自行处理。

(4) 加工前必须认真仔细校验程序，防止因编程不当而造成撞车事故。

(5) 车床上电及解除急停或超程后，必须执行各轴回参考点，X 轴应先回零然后 Z 轴再回零。

(6) 有关车床参数在其出厂前已设好，不要随意更改。

(7) 数控车床通电、断电一定要按操作说明书中的先后顺序进行，不可直接关闭总电源。

(8) 操作者使用后要做好设备的使用记录，交接班时要做好相应的检查。

(9) 在电路电源及操作面板上电源断开之前，绝对不能进行各种维修操作。

(10) 数控车床系统发生故障后应由专业维修人员负责维修。

(11) 维修时超程开关和挡铁位置不许随意变动，否则会导致故障。

(12) 维修时应用记录卡详细记录故障情况，例如故障产生的原因、维修结果、采取的防范措施或改进意见。

实训思考题

1. 简述学习数控车床安全操作规程的意义。

2. 数控车床加工中存在哪些安全隐患？

3. 简述数控车床日常维护的注意事项。

实训报告

1. 数控车床的工作环境

2. 数控车床的维护与保养方法

3. 使用数控车床的注意事项

项目实习心得

实习实训指导老师评阅意见

[评语]

[成绩]

指导老师签名＿＿＿＿　年　月　日

项目二　数控车床的认识与基本操作

实 训 指 导

实训目的

1. 掌握数控车床面板上各按键和旋钮的作用及使用方法。
2. 掌握对刀的基本方法及操作步骤。

实训要求

严格遵守安全操作规程，按照老师要求的步骤操作。

实训器材

本实训项目所需的主要设备、材料包括：FANUC 系统数控车床、毛坯、外圆刀、切槽刀、螺纹刀、游标卡尺、千分尺，应提前做好准备。

相关知识点分析

一、数控车床操作规程

为了正确、合理地使用数控车床，保证车床正常运转，必须制定比较完整的数控车床操作规程。在实际操作中，操作人员通常应当做到以下几点：

（1）车床通电后，检查各开关、旋钮和按键是否正常、灵活，车床有无异常现象。

（2）检查电压、气压、油压是否正常，由手动润滑的部位先要进行手动润滑。

（3）各坐标轴手动回零（车床参考点），若某轴在回零前已在零位，必须先将该轴移至离零点有效距离后，再进行手动回零。

（4）在进行零件加工时，工作台上不能有任何工具或异物。

（5）车床需空运转 15 min 以上，使车床达到热平衡状态后方可进行加工。

(6) 输入程序后,应认真核对,保证无误,包括对代码、指令、地址、数值、正负号、小数点及语法的查对。

(7) 按工艺规程安装找到正确夹具。

(8) 正确测量和计算工件坐标系,并对所得结果进行验证和验算。

(9) 将工件坐标系输入偏置页面,并对坐标、坐标值、正负号、小数点进行认真核对。

(10) 未装工件以前,空运行一次程序,看程序能否顺利执行、刀具长度选取和夹具安装是否合理、有无超程现象。

(11) 刀具补偿值(包括半径、长度,简称“刀补值”,下同)输入偏置页面后,要对刀补号、补偿值、正负号、小数点进行认真核对。

(12) 装夹工件时应注意卡盘是否妨碍刀具运动,检查零件毛坯和尺寸是否有超常现象。

(13) 检查各刀头的安装方向是否符合程序要求。

(14) 查看各刀杆前后部位的形状和尺寸是否符合加工工艺要求,能否碰撞工件与夹具。

(15) 镗刀头尾部露出刀杆直径部分,必须小于刀尖露出刀杆直径部分。

(16) 检查每把刀的刀柄在主轴孔中是否都能拉紧。

(17) 无论是首次加工的零件,还是周期性重复加工的零件,首件都必须对照图样工艺、程序和刀具调整卡,进行逐段程序的试切。

(18) 单段试切时,快速倍率开关必须打到最低挡。

(19) 每把刀首次使用时,必须先验证它的实际长度与所给刀补值是否相符。

(20) 在程序运行中,要重点观察数控系统上的几项显示内容:① 坐标显示,可了解目前刀具运动点在车床坐标系及工件坐标系中的位置;了解程序段落的位移量,还剩余多少位移量等;② 工作寄存器和缓冲寄存器显示,可看到正在执行程序段各状态指令和下一个程序段的内容;③ 主程序和子程序,可了解正在执行程序段的具体内容。

(21) 试切进刀时,在刀具运行至工件附近时,应在进给保持下,验证各轴坐标值与实际距离是否一致。

(22) 对一些有试刀要求的刀具,采用“渐近”的方法,如镗孔,可先试镗一小段,检测合格后,再镗整体。使用刀具半径补偿功能的刀具数据,可由小到大,边试切边修改。

(23) 试切和加工中,刃磨刀具和更换刀具后,一定要重新对刀并修改好刀补值和刀补号。

(24) 程序检索时应注意光标所指位置是否合理、准确,并观察刀具与机床运动方向的坐标是否正确。

(25) 程序修改后,对修改部分一定要仔细计算和认真核对。

(26) 手摇进给和手动连续进给操作时,必须检查各种开关所选择的位置是否正确,弄清正负方向,认准按键,然后再进行操作。

(27) 整批零件加工完成后,应核对刀具号、刀补值,使程序、偏置页面、调整卡及工艺中的刀具号、刀补值完全一致。

(28) 从刀台上卸下刀具,按调整卡或程序清理编号入库。

(29) 卸下夹具,某些夹具应记录安装位置及方位,并进行记录、存档。

(30) 清扫车床。

(31) 将各坐标轴停在参考点位置。

数控车床一般操作步骤如表 2.1 所示。

表 2.1　数控车床一般操作步骤

操作步骤	简要说明
书写或编程	加工前应首先编制工件的加工程序,如果工件的加工程序较长且比较复杂,最好不在车床上编程,可采用编程软件编程,以提高效率
开机	一般是先开车床,再开系统,有些车床在设计中两者是互锁的,车床不通电就不能在 CRT 上显示信息
回参考点	对于采用增量控制系统(使用增量式位置检测元件)的车床,必须首先执行这一步,以建立车床各坐标的移动基准
调加工程序	根据程序的存储介质(纸带或磁带、磁盘),可以用纸带阅读机或盒式磁带机、编程机输入,若是简单程序,可直接采用键盘在 CNC 装置面板上输入,若程序非常简单,且只加工一件,程序没有保存的必要,可采用 MDI 方式,逐段输入,逐段加工。另外,程序中用到的工件原点、刀具参数、偏置量、各种补偿量在加工前也必须输入
程序的编辑	输入的程序若需要修改,则要进行编辑操作。此时,将方式选择开关置于 EDIT位置(编辑),利用编辑键进行增加、删除、更改。具体编辑方法可见相应的说明书
锁住车床,运行程序	此步骤是对程序进行检查,若有错误,则需重新对程序进行编辑
上工件、找正、对刀	采用手动增量移动、连续移动,或采用手轮移动车床。将起刀点对到程序的起始处,并对好刀具的基准
启动坐标进给,进行连续加工	一般采用存储器中的程序加工,这种方式比采用纸带上的程序加工的故障率低。加工中的进给速度可采用进给倍率开关调节。加工中可以按进给保持按钮,暂停进给运动,观察加工情况或停车进行手工测量。再按循环启动按钮,即可恢复加工。为确保程序正确无误,加工前应再复查一遍。在车削加工时,对于平面曲线工件,可采用铅笔代替刀具在纸上画工件轮廓,这样比较直观。若系统具有刀具轨迹模拟功能,则可用其检查程序的正确性
操作显示	利用 CRT 的各个画面显示工作台或刀具的位置、程序和车床的状态,以便操作人员监视加工情况
程序输出	加工结束后,若程序有保存的必要,可以留在 CNC 的内存中,若程序太大,可以把内存中的程序输出至外部设备保存
关机	一般应先关系统电源,再关总电源

二、对刀的方法及步骤

1. 方法

采用试切法对刀。

2. **步骤(以外圆刀为例)**

(1) 首先,把毛坯装夹在车床上,转动主轴;外圆刀装在刀架的1号工位上。然后,将外圆刀快速移动到工件附近,换成"手轮"方式,在手轮方式下手动调整 X 轴和 Z 轴,试切一段直径,在手轮方式下沿 Z 轴退出,注意 X 轴不动,在手动方式下让主轴停止,测量试切部分的直径;按 OFFSET/SETTING 功能键,然后按"形状"软键,输入"X+测量值",再按"测量"软键,此时完成 X 轴的对刀。

(2) 在手轮方式下手动调整 X 轴和 Z 轴,让刀尖碰到右端面,或者手动车削右端面,在手轮方式下沿 X 轴退出,注意 Z 轴千万不要移动,在手动方式下让主轴停止,在同一界面输入"Z 0.0",再按"测量"软键,此时完成 Z 轴的对刀。

(3) 在手动方式下让刀具远离工件,检验对刀的正确性。

实训注意事项

1. 要在指定的时间和地点完成本项目的实训操作,并按要求填写实训报告,按时呈报指导教师。

2. 要严格执行《实训车间安全操作规程》《数控车床文明生产规定》和《数控车床基本操作规程》。

3. 本项目实训中应特别注意以下几点:

(1) 安放刀具时应注意刀具的使用顺序,刀具的安放位置必须与程序要求的顺序和位置一致。

(2) 工件的装夹除应牢固可靠外,还应注意避免工作中刀具与工件或刀具与夹具发生干涉。

(3) 被加工件的编程原点应与对刀所确定的工件原点一致。

(4) 刀具装夹后,刀尖必须与主轴轴线高度一致。

(5) 对刀前首先观察 POS 画面中机械坐标系、绝对坐标系、相对坐标系三坐标是否一致,若不一致,应先进行回参考点的操作,三坐标一致后方可对刀。

(6) 车削外圆和端面时,手摇脉冲单位选择25%,避免由于进给过快给已加工表面粗糙度值造成较大误差,使刀具补偿值不精确。

1. 在编程阶段,将图样信息转换成数控系统可以接受的信息时,有________、________、________三种误差形式可能产生。

2. 一般维修应包含两方面的含义,一是日常的维护,二是________。

3. 车床回零(回参考点)的主要作用是什么?

....

....

....

4. 在哪些情况下要回参考点？

5. 车床的开启、运行、停止有哪些注意事项？

实 训 报 告

1. 数控车床面板按键名称及作用

按　键	名　称	功　能

2. 开机及关机的步骤及注意事项

3. 回参考点的方法、步骤及注意事项

4. 回参考点的作用

5. 对刀的方法、目的及步骤

(1) 对刀的方法

(2) 对刀的目的

(3) 对刀的步骤

6. 常用量具的名称及用法

7. 刀具的种类

8. 绝对坐标、相对坐标与机械坐标的区别与联系

(1) 区别

(2) 联系

9. 安装刀具的注意事项

10. 数控刀具材料的要求

11. 其他注意事项

项目实习心得

实习实训指导老师评阅意见

[评语]

[成绩]

指导老师签名__________　　年　　月　　日

项目三　外圆及端面加工

实训指导

实训目的

1. 在教师的指导下完成阶梯轴的加工。

2. 加工零件的同时，掌握刀具的选择方法、对刀方法、磨耗的输入方法及编程、测量、切削用量的选取方法。

实训要求

严格遵守安全操作规程，按照老师要求的步骤操作。

实训器材

本实训项目所需的主要设备、材料包括：FANUC 系统数控车床、ø35 mm 毛坯、外圆刀、游标卡尺、千分尺，应提前做好准备。

相关知识点分析

一、相关指令

(一) G90、G94 指令格式

1. 圆柱(锥)面切削循环指令(G90)

指令格式　G90　X(U)_　Z(W)_ R _ F _

指令功能　实现外圆切削循环和锥面切削循环。

2. 端面切削循环指令(G94)

指令格式　G94　X(U)_　Z(W)_ R _ F _

指令功能　实现端面切削循环和带锥度的端面切削循环。

(二) 各自适合的零件

(1) G90 适合加工轴类零件。
(2) G94 适合加工盘类零件。

二、相关工艺

1. 切削用量三要素的选择

粗加工和精加工时切削用量三要素应合理选择。

2. 使用 G94 指令时刀具的选择

注意与 G90 指令使用刀具的区别。

3. 盘类、轴类零件的分类

(1) 长度与直径之比大于 1 的为轴类零件。
(2) 长度与直径之比小于 1 的为盘类零件。
(3) 长度与直径之比大于 25 的为细长轴类零件。

三、主要操作步骤

(1) 启动数控车床，系统上电。
(2) 回参考点。
(3) 装夹刀具和毛坯。
(4) 根据零件图编写程序。
(5) 进行模拟检验。
(6) 对刀并检验。
(7) 自动加工。
(8) 测量工件是否合格。
(9) 清扫及保养机床，打扫卫生。
(10) 填写实验报告。

实训注意事项

1. 要在指定的时间和地点完成本项目的实训操作，并按要求填写实训报告，按时呈报指导教师。

2. 要严格执行《实训车间安全操作规程》《数控车床文明生产规定》和《数控车床基本操作规程》。

3. 本项目实训中应特别注意以下几点：

(1) 编程中只要用到 G96 恒线速控制指令，就一定要指定 G50 限制最高转速。

(2) 由于 G98、G96、G41(G42)、G20 被执行一次后，系统会一直保持相应状态，直到断电或被取消，因此，为避免前一人使用 G98、G96、G41(G42)、G20 而没有取消，还应重新定义 G99、G97、G40、G21。

(3) G96 指令不能随意放置，应放在刀具定位后、加工变径走刀前。

(4) 使用量具测量工件前一定要先对量具进行校验，避免因量具误差而造成测量结果不准确。

1. 工件在车床上定位时，________属于完全定位；________属于不完全定位；________属于过定位；________属于欠定位。

2. 为何要进行轨迹的模拟仿真？能不能检验加工精度？

3. G90 与 G94 加工圆柱时有何区别？需要注意哪些问题？

4. 如果工件材料为 A3 钢，能不能保证实现 1.6 μm 的表面粗糙度？

5. 刀尖高低对刀具的使用有哪些影响？

6. 加工 45＃钢和 45＃调质钢有何区别？

实 训 报 告

任务描述

加工图示①零件，材料为45＃钢，毛坯尺寸为ϕ35 mm×60 mm。要求：进行零件图分析，确定加工工艺，填写数控加工刀具卡、工序卡，编写加工程序单，加工零件并检测。

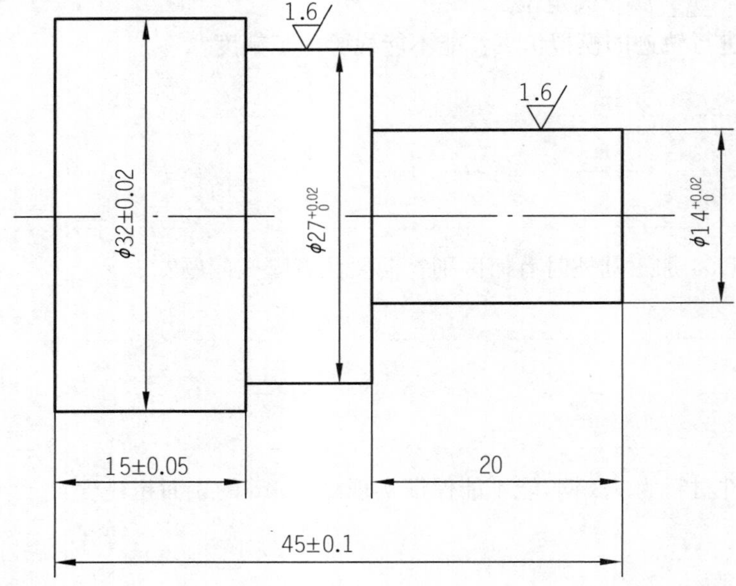

技术要求：
1. 未注倒角$C1$。
2. 不允许使用砂布抛光。

工作过程

一、零件图分析

1. 形状分析

① 参照工程实际，本书的图及评分表中省略长度单位mm、表面粗糙度单位μm。

2. 尺寸精度分析

3. 形状精度分析

4. 表面粗糙度分析

[总结]

二、加工工艺分析

1. 确定加工方案

2. 确定装夹方案

三、填写数控加工刀具卡

数控加工刀具卡

<table>
<tr><td colspan="3">零件名称</td><td colspan="2">零件图号</td><td>程序编号</td><td colspan="2">使用设备</td></tr>
<tr><td colspan="3"></td><td colspan="2"></td><td></td><td colspan="2"></td></tr>
<tr><td rowspan="2">序号</td><td rowspan="2">刀具号</td><td rowspan="2">刀具规格名称</td><td colspan="2">刀具型号</td><td rowspan="2">刀尖半径</td><td rowspan="2">加工表面</td><td rowspan="2">备注</td></tr>
<tr><td>刀体</td><td>刀片</td></tr>
<tr><td>1</td><td></td><td></td><td></td><td></td><td></td><td></td><td></td></tr>
<tr><td>2</td><td></td><td></td><td></td><td></td><td></td><td></td><td></td></tr>
<tr><td>3</td><td></td><td></td><td></td><td></td><td></td><td></td><td></td></tr>
<tr><td>4</td><td></td><td></td><td></td><td></td><td></td><td></td><td></td></tr>
<tr><td>编制</td><td></td><td>审核</td><td colspan="2"></td><td>批注</td><td></td><td>共　页
第　页</td></tr>
</table>

［总结］

....

....

....

....

四、填写数控加工工序卡

数控加工工序卡

<table>
<tr><td colspan="3">产品名称或代号</td><td colspan="2">零件名称</td><td colspan="1">材料</td><td colspan="2">零件图号</td></tr>
<tr><td colspan="3"></td><td colspan="2"></td><td colspan="1"></td><td colspan="2"></td></tr>
<tr><td rowspan="2">工序号</td><td>程序编号</td><td>夹具编号</td><td colspan="2">设备</td><td colspan="2">车间</td><td rowspan="2">备注</td></tr>
<tr><td></td><td></td><td colspan="2"></td><td colspan="2"></td></tr>
<tr><td>工步号</td><td>工步内容</td><td>刀具号</td><td>刀具规格</td><td>主轴转速</td><td>进给速度</td><td>背吃刀量</td><td></td></tr>
<tr><td>1</td><td></td><td></td><td></td><td></td><td></td><td></td><td></td></tr>
<tr><td>2</td><td></td><td></td><td></td><td></td><td></td><td></td><td></td></tr>
<tr><td>3</td><td></td><td></td><td></td><td></td><td></td><td></td><td></td></tr>
<tr><td>4</td><td></td><td></td><td></td><td></td><td></td><td></td><td></td></tr>
<tr><td>编制</td><td></td><td>审核</td><td></td><td>批注</td><td></td><td>共　页
第　页</td><td></td></tr>
</table>

［总结］

（1）G90、G94 格式及含义

（2）G90、G94 走刀路径

（3）G90、G94 加工对象及作用

（4）数值计算

五、编写加工程序单

加工程序单

程　　序	说　　明

[注]

六、程序校验、试切

七、自动运行加工

八、检查

项目实习心得

实习实训指导老师评阅意见

[评语]

[成绩]

指导老师签名＿＿＿＿＿＿　　年　　月　　日

评　分　表

项目	序号	考核内容	要求	配分		评分标准	得分
				IT	*Ra*		
外圆	1	ø32±0.02		10①		超差不得分	
	2	$\phi 27_{0}^{+0.02}$	*Ra*1.6	5	5	超差不得分	
	3	$\phi 14_{0}^{+0.02}$	*Ra*1.6	5	5	超差不得分	
长度	4	15±0.05		10		超差不得分	
	5	45±0.1		10		超差不得分	
倒角	6	4处		10		少1处扣2.5分	
工艺合理	7	工件定位、夹紧及刀具选择合理		10		酌情扣分	
	8	加工顺序及刀具轨迹路线合理		10		酌情扣分	
安全文明生产	9	遵守机床安全操作规程		10		酌情扣分	
	10	工、量、刀具放置规范		5		酌情扣分	
	11	设备保养、场地整洁		5		酌情扣分	

① 代表 *IT* 和 *Ra* 的综合分，下同。

项目四　圆锥面加工

实 训 指 导

实训目的

1. 在教师的指导下完成锥面的加工。
2. 熟练掌握加工锥体的有关计算方法。

实训要求

严格遵守安全操作规程，按照老师要求的步骤操作。

实训器材

本实训项目所需的主要设备、材料包括：FANUC 系统数控车床、ø30 mm 毛坯、外圆刀、游标卡尺、千分尺，应提前做好准备。

相关知识点分析

一、相关指令

(一) G90、G94 指令格式

1. 圆柱(锥)面切削循环指令(G90)

指令格式　G90　X(U)__　Z(W)__R __F __

指令功能　实现外圆切削循环和锥面切削循环。

2. 端面切削循环指令(G94)

指令格式　G94　X(U)__　Z(W)__R __F __

指令功能　实现端面切削循环和带锥度的端面切削循环。

(二) G90、G94 切圆锥时各个代码的含义

R 的含义及计算方法。

(三) 各自适合的零件

(1) G90 适合加工轴类零件。
(2) G94 适合加工盘类零件。

二、相关工艺

(一) 切削用量三要素的选择

粗加工和精加工时切削用量三要素应合理选择。

(二) 斜度和锥度的计算方法

斜度$(D-d)/2L=1:n$。
锥度$(D-d)/L=1:n$。

(三) 切圆锥时的两种走刀路线

(1) 改变直径 X 值法。
(2) 改变锥度 R 值法。

(四) 锥体的检验

较精密的锥体必须经过锥度环规及塞规涂色法检测。

三、主要操作步骤

(1) 启动数控车床,系统上电。
(2) 回参考点。
(3) 装夹刀具和毛坯。
(4) 根据零件图编写程序。
(5) 进行模拟检验。
(6) 对刀并检验。
(7) 自动加工。
(8) 测量工件是否合格。
(9) 清扫及保养机床,打扫卫生。
(10) 填写实验报告。

实训注意事项

1. 要在指定的时间和地点完成本项目的实训操作，并按要求填写实训报告，按时呈报指导教师。

2. 要严格执行《实训车间安全操作规程》《数控车床文明生产规定》和《数控车床基本操作规程》。

3. 本项目实训中应特别注意以下几点：

(1) 车外圆锥前，循环点应设定在大端直径的外面，以利于循环运行。内锥则相反。

(2) 式中 R 值需要重新计算，可通过相似三角形来计算。循环点坐标的设置应方便计算 R 值。

(3) 若 R 值较大时，应分多次走刀。

实训思考题

1. 在数控编程时，使用________指令后，就可以按工件的轮廓尺寸进行编程，而不需要按照________来编程。

2. G90 与 G94 中的 R 分别代表什么？如何计算？

3. 切圆锥时有几种加工路线？各自有哪些特点？如何通过指令来控制刀具的走刀路线？

4. 刀尖圆弧半径的大小在加工中对锥体有何影响？

5. 刀具半径补偿的作用是什么？使用刀具半径补偿有哪几步？使用中要注意什么问题？

实 训 报 告

任务描述

加工图示零件，材料为45＃钢，毛坯尺寸为ø30 mm×40 mm。要求：进行零件图分析，确定加工工艺，填写数控加工刀具卡、工序卡，编写加工程序单，加工零件并检测。

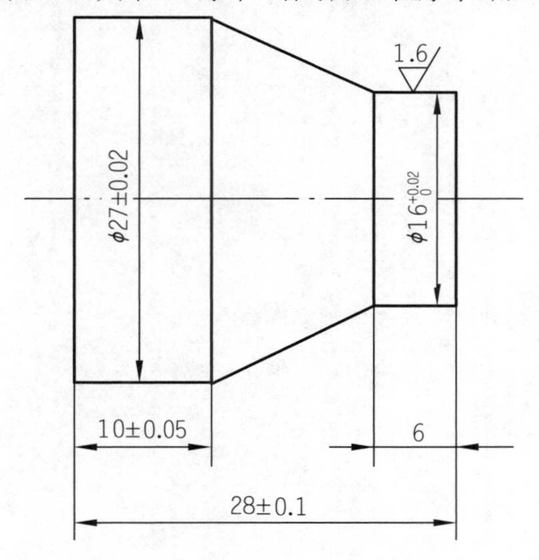

技术要求：

1. 未注倒角 C1。
2. 不允许使用砂布抛光。

工作过程

一、零件图分析

1. 形状分析

2. 尺寸精度分析

3. 形状精度分析

4. 表面粗糙度分析

［总结］

二、加工工艺分析

1. 确定加工方案

……………………………………………………………………

……………………………………………………………………

……………………………………………………………………

2. 确定装夹方案

……………………………………………………………………

……………………………………………………………………

……………………………………………………………………

三、填写数控加工刀具卡

数控加工刀具卡

<table>
<tr><td colspan="3">零件名称</td><td colspan="2">零件图号</td><td>程序编号</td><td colspan="2">使用设备</td></tr>
<tr><td colspan="3"></td><td colspan="2"></td><td></td><td colspan="2"></td></tr>
<tr><td rowspan="2">序号</td><td rowspan="2">刀具号</td><td rowspan="2">刀具规格名称</td><td colspan="2">刀具型号</td><td rowspan="2">刀尖半径</td><td rowspan="2">加工表面</td><td rowspan="2">备注</td></tr>
<tr><td>刀体</td><td>刀片</td></tr>
<tr><td>1</td><td></td><td></td><td></td><td></td><td></td><td></td><td></td></tr>
<tr><td>2</td><td></td><td></td><td></td><td></td><td></td><td></td><td></td></tr>
<tr><td>3</td><td></td><td></td><td></td><td></td><td></td><td></td><td></td></tr>
<tr><td>4</td><td></td><td></td><td></td><td></td><td></td><td></td><td></td></tr>
<tr><td>编制</td><td></td><td>审核</td><td colspan="2"></td><td>批注</td><td></td><td>共　页
第　页</td></tr>
</table>

［总结］

……………………………………………………………………

……………………………………………………………………

……………………………………………………………………

……………………………………………………………………

四、填写数控加工工序卡

数控加工工序卡

<table>
<tr><td colspan="3">产品名称或代号</td><td colspan="2">零件名称</td><td>材料</td><td colspan="2">零件图号</td></tr>
<tr><td colspan="3"></td><td colspan="2"></td><td></td><td colspan="2"></td></tr>
<tr><td rowspan="2">工序号</td><td>程序编号</td><td>夹具编号</td><td colspan="2">设备</td><td colspan="2">车间</td><td rowspan="2">备注</td></tr>
<tr><td></td><td></td><td colspan="2"></td><td colspan="2"></td></tr>
<tr><td>工步号</td><td>工步内容</td><td>刀具号</td><td>刀具
规格</td><td>主轴转速</td><td>进给
速度</td><td>背吃
刀量</td><td></td></tr>
<tr><td>1</td><td></td><td></td><td></td><td></td><td></td><td></td><td></td></tr>
<tr><td>2</td><td></td><td></td><td></td><td></td><td></td><td></td><td></td></tr>
<tr><td>3</td><td></td><td></td><td></td><td></td><td></td><td></td><td></td></tr>
<tr><td>4</td><td></td><td></td><td></td><td></td><td></td><td></td><td></td></tr>
<tr><td>编制</td><td></td><td>审核</td><td></td><td>批注</td><td></td><td>共　页
第　页</td><td></td></tr>
</table>

[总结]

（1）G90、G94 格式及含义……………………………………

（2）G90、G94 走刀路径……………………………………

（3）G90、G94 加工对象及作用……………………………………

（4）数值计算……………………………………

五、编写加工程序单

加工程序单

程　　序	说　　明

[注]

六、程序校验、试切

七、自动运行加工

八、检查

项目实习心得

实习实训指导老师评阅意见

［评语］

［成绩］

指导老师签名＿＿＿＿＿＿　　年　　月　　日

评　分　表

项目	序号	考核内容	要求	配分		评分标准	得分
				IT	*Ra*		
外圆	1	ø27±0.02		10		超差不得分	
	2	$ø16_{0}^{+0.02}$	*Ra*1.6	5	5	超差不得分	
外形	3	圆锥面		10		不合格 不得分	
长度	4	10±0.05		10		超差不得分	
	5	28±0.1		10		超差不得分	
倒角	6	2处		10		少1处扣5分	
工艺合理	7	工件定位、夹紧及刀具选择合理		10		酌情扣分	
	8	加工顺序及刀具轨迹路线合理		10		酌情扣分	
安全文明生产	9	遵守机床安全操作规程		10		酌情扣分	
	10	工、量、刃具放置规范		5		酌情扣分	
	11	设备保养、场地整洁		5		酌情扣分	

项目五　切槽与切断加工

实 训 指 导

实训目的

1. 在教师的指导下完成外圆槽及切断的加工练习。
2. 熟练掌握 G01、G74、G75 各指令含义及走刀路径。

实训要求

严格遵守安全操作规程，按照老师要求的步骤操作。

实训器材

本实训项目所需的主要设备、材料包括：FANUC 系统数控车床、ø30 mm 毛坯、外圆刀、切槽刀、切断刀、游标卡尺、千分尺，应提前做好准备。

相关知识点分析

一、相关指令

（一）G01、G74、G75 指令格式

1. 直线插补指令(G01)

指令格式　G01　X(U)__　Z(W)__F __

指令功能　G01 指令使刀具以设定的进给速度从所在点出发，直线插补至目标点。

2. 端面钻孔复合循环指令(G74)

指令格式　G74　Re

G74　X(U)__　Z(W)__P$\underline{\Delta i}$　Q$\underline{\Delta k}$　R$\underline{\Delta d}$　F$\underline{f}$

指令功能　可以用于断续切削。

指令说明　e 表示退刀量；

X(U)表示终点的 X 轴坐标值；

Z(W)表示终点的 Z 轴坐标值；

Δi 表示 X 轴方向移动量，无正负号；

Δk 表示 Z 轴方向移动量，无正负号；

Δd 表示在切削底部刀具退回量；

f 表示进给速度。

若把 X(U)和 P、R 值省略，则可用于钻孔加工。

3. 外圆切槽复合循环(G75)

指令格式　G75　R$\underline{e}$

G75　X(U)__　Z(W)__P$\underline{\Delta i}$　Q$\underline{\Delta k}$　R$\underline{\Delta d}$　F$\underline{f}$

指令功能　用于端面断续切削。

指令说明　各符号的意义与 G74 相同。

若把 Z(W)和 Q、R 值省略，则可用于外圆槽的断续切削。

(二) 各自的使用方法及适用零件

(1) G01 在加工槽宽与刀宽相等的槽时较方便。

(2) G74、G75 在加工槽宽大于刀宽的槽时较方便。

二、相关工艺

1. 切削用量三要素的选择

粗加工和精加工时切削用量三要素应合理选择。

2. 切槽刀的安装

要使刀尖与工件轴心等高，切削刃与工件轴线平行。

3. 对刀时刀位点的选择

注意左侧刃和右侧刃在编程时的区别。

4. 退刀

应把 X 退出工件后再退 Z，防止退刀过程中撞刀。

5. 槽的类型

越程槽、退刀槽。

三、主要操作步骤

(1) 启动数控车床，系统上电。

(2) 回参考点。

(3) 装夹刀具和毛坯。

(4) 根据零件图编写程序。

(5) 进行模拟检验。

(6) 对刀并检验。

(7) 自动加工。

(8) 测量工件是否合格。

(9) 清扫及保养机床,打扫卫生。

(10) 填写实验报告。

实训注意事项

1. 要在指定的时间和地点完成本项目的实训操作,并按要求填写实训报告,按时呈报指导教师。

2. 要严格执行《实训车间安全操作规程》《数控车床文明生产规定》和《数控车床基本操作规程》。

3. 本项目实训中应特别注意以下几点:

(1) 尽量使刀头宽度和槽宽一致,若切宽槽(槽宽尺寸大于切槽刀刀头宽度)一次切削完成不了,车 Z 轴向移动切刀时,移动距离应小于刀头宽度。

(2) 刀具从槽底退出时一定先要沿 X 轴完全退出后,才能发生 Z 轴向移动,否则就发生碰撞。

(3) 因切槽刀有两个刀尖,必须在刀具说明中注明 Z 轴向基准为左刀尖还是右刀尖。避免编程时发生 Z 轴向尺寸错误。

(4) 切断实心工件时,工件半径应小于切断刀刀头长度;切断空心工件时,工件壁厚应小于切断刀刀头长度。

(5) 在切断较大工件时,不能将工件直接切断,以防发生事故。

(6) 用切槽刀进行 G75 循环切削时,首先要测量切断刀的刀宽,以便计算编程的 W 坐标尺寸。在切断刀对刀时要注意是右刀尖对刀还是左刀尖对刀,这与切槽编程中坐标尺寸有关。

(7) 由于编程系统的规定,G75 循环中,P、Q 后的数字单位为微米,且数值不能加小数点。

(8) 在安装切槽刀时刀尖一定要与工件轴心等高。

(9) 安装切槽刀时要使切削刃与工件轴线平行。

(10) 加工过程中主轴转速与进给量都要小一些,防止加工过程中断刀。

1. 工件在装夹中产生的误差称为装夹误差,它包括夹紧误差、________误差及________误差。

2. 切断刀主切削刃太宽,切削时容易产生________。

3. 用切槽刀切断工件时应注意哪些事项？

4. 安装切槽刀时应注意哪些事项？

5. 切槽时切削用量怎么选取？为什么？

实 训 报 告

任务描述

加工图示零件，材料为45#钢，毛坯尺寸为ø30 mm×50 mm。要求：进行零件图分析，确定加工工艺，填写数控加工刀具卡、工序卡，编写加工程序单，加工零件并检测。

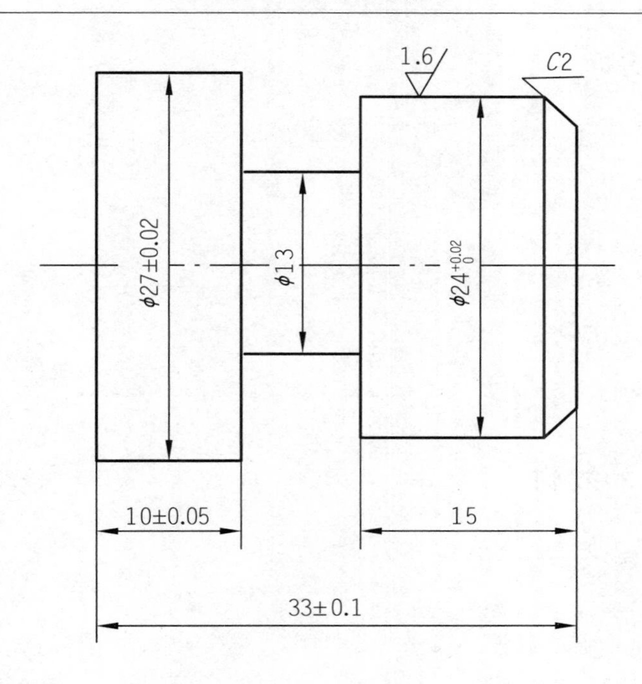

技术要求：

1. 未注倒角 $C1$。
2. 不允许使用砂布抛光。

工作过程

一、零件图分析

1. 形状分析

2. 尺寸精度分析

3. 形状精度分析

4. 表面粗糙度分析

[总结]

二、加工工艺分析

1. 确定加工方案

2. 确定装夹方案

三、填写数控加工刀具卡

数控加工刀具卡

<table>
<tr><td colspan="3">零件名称</td><td colspan="2">零件图号</td><td>程序编号</td><td colspan="2">使用设备</td></tr>
<tr><td colspan="3"></td><td colspan="2"></td><td></td><td colspan="2"></td></tr>
<tr><td rowspan="2">序号</td><td rowspan="2">刀具号</td><td rowspan="2">刀具规格名称</td><td colspan="2">刀具型号</td><td rowspan="2">刀尖半径</td><td rowspan="2">加工表面</td><td rowspan="2">备注</td></tr>
<tr><td>刀体</td><td>刀片</td></tr>
<tr><td>1</td><td></td><td></td><td></td><td></td><td></td><td></td><td></td></tr>
<tr><td>2</td><td></td><td></td><td></td><td></td><td></td><td></td><td></td></tr>
<tr><td>3</td><td></td><td></td><td></td><td></td><td></td><td></td><td></td></tr>
<tr><td>4</td><td></td><td></td><td></td><td></td><td></td><td></td><td></td></tr>
<tr><td>编制</td><td></td><td>审核</td><td colspan="2"></td><td>批注</td><td></td><td>共　页
第　页</td></tr>
</table>

［总结］

....

....

四、填写数控加工工序卡

数控加工工序卡

<table>
<tr><td colspan="3">产品名称或代号</td><td colspan="2">零件名称</td><td>材料</td><td colspan="2">零件图号</td></tr>
<tr><td colspan="3"></td><td colspan="2"></td><td></td><td colspan="2"></td></tr>
<tr><td rowspan="2">工序号</td><td>程序编号</td><td>夹具编号</td><td colspan="2">设备</td><td colspan="2">车间</td><td rowspan="2">备注</td></tr>
<tr><td></td><td></td><td colspan="2"></td><td colspan="2"></td></tr>
<tr><td>工步号</td><td>工步内容</td><td>刀具号</td><td>刀具规格</td><td>主轴转速</td><td>进给速度</td><td>背吃刀量</td><td></td></tr>
<tr><td>1</td><td></td><td></td><td></td><td></td><td></td><td></td><td></td></tr>
<tr><td>2</td><td></td><td></td><td></td><td></td><td></td><td></td><td></td></tr>
<tr><td>3</td><td></td><td></td><td></td><td></td><td></td><td></td><td></td></tr>
<tr><td>4</td><td></td><td></td><td></td><td></td><td></td><td></td><td></td></tr>
<tr><td>编制</td><td></td><td>审核</td><td></td><td>批注</td><td></td><td>共　页
第　页</td><td></td></tr>
</table>

［总结］

(1) G75 格式及含义 ....

....

....

....

(2) G75 走刀路径 ....

....

....

....

(3) G75 加工对象及作用 ....

....

....

....

....

（4）数值计算

五、编写加工程序单

加工程序单

程　序	说　明

[注]

六、程序校验、试切

七、自动运行加工

八、检查

项目实习心得

实习实训指导老师评阅意见

［评语］

［成绩］

指导老师签名＿＿＿＿＿＿　　年　　月　　日

评　分　表

<table>
<tr><th rowspan="2">项目</th><th rowspan="2">序号</th><th rowspan="2">考核内容</th><th rowspan="2">要求</th><th colspan="2">配分</th><th rowspan="2">评分标准</th><th rowspan="2">得分</th></tr>
<tr><th>IT</th><th>Ra</th></tr>
<tr><td rowspan="2">外圆</td><td>1</td><td>$\phi 27\pm 0.02$</td><td></td><td colspan="2">10</td><td>超差不得分</td><td></td></tr>
<tr><td>2</td><td>$\phi 24_{0}^{+0.02}$</td><td>Ra1.6</td><td>5</td><td>5</td><td>超差不得分</td><td></td></tr>
<tr><td>沟槽</td><td>3</td><td>$\phi 13\times 8$</td><td></td><td colspan="2">10</td><td>不合格
不得分</td><td></td></tr>
<tr><td rowspan="2">长度</td><td>4</td><td>10 ± 0.05</td><td></td><td colspan="2">10</td><td>超差不得分</td><td></td></tr>
<tr><td>5</td><td>33 ± 0.1</td><td></td><td colspan="2">10</td><td>超差不得分</td><td></td></tr>
<tr><td>倒角</td><td>6</td><td>4 处</td><td></td><td colspan="2">10</td><td>少 1 处扣 2.5 分</td><td></td></tr>
<tr><td rowspan="2">工艺
合理</td><td>7</td><td>工件定位、夹紧
及刀具选择合理</td><td></td><td colspan="2">10</td><td>酌情扣分</td><td></td></tr>
<tr><td>8</td><td>加工顺序及刀具
轨迹路线合理</td><td></td><td colspan="2">10</td><td>酌情扣分</td><td></td></tr>
<tr><td rowspan="3">安全
文明
生产</td><td>9</td><td>遵守机床安
全操作规程</td><td></td><td colspan="2">10</td><td>酌情扣分</td><td></td></tr>
<tr><td>10</td><td>工、量、刃具
放置规范</td><td></td><td colspan="2">5</td><td>酌情扣分</td><td></td></tr>
<tr><td>11</td><td>设备保养、
场地整洁</td><td></td><td colspan="2">5</td><td>酌情扣分</td><td></td></tr>
</table>

项目六　螺纹加工

实训指导

实训目的

1. 在教师的指导下完成螺纹的加工。
2. 熟练掌握加工螺纹时有关尺寸的计算方法。

实训要求

严格遵守安全操作规程，按照老师要求的步骤操作。

实训器材

本实训项目所需的主要设备、材料包括：FANUC系统数控车床、ø30 mm毛坯、外圆刀、切槽刀、螺纹刀、游标卡尺、千分尺、螺纹环规，应提前做好准备。

相关知识点分析

一、相关指令

（一）G32、G92、G76指令格式

1. 螺纹切削指令（G32）

指令格式　G32　X(U)__　Z(W)__F__Q__

指令功能　切削圆柱螺纹、圆锥螺纹和端面螺纹，也可以切削多线螺纹。

2. 螺纹切削循环指令（G92）

指令格式　G92　X(U)__　Z(W)__R__F__

指令功能　切削圆柱螺纹和圆锥螺纹。

3. 螺纹切削复合循环(G76)

指令格式　G76　P$\underline{m}$　$\underline{r}$　$\underline{\alpha}$　Q$\underline{\Delta dmin}$　R$\underline{d}$

G76　X(U)__　Z(W)__R$\underline{i}$　P$\underline{k}$　Q$\underline{\Delta d}$　F$\underline{f}$

指令说明　m 表示精加工重复次数；

r 表示斜向退刀量单位数；

α 表示刀尖角度；

d 表示精加工余量(半径值)，模态值，单位：mm；

Δd 表示第一次粗切深(半径值)，模态值，单位：μm；

Δdmin 表示最小切削深度(半径值)，模态值，单位：μm；

X(U)螺纹切削终点 X 轴坐标；

Z(W)螺纹切削终点 Z 轴坐标；

i 表示圆锥螺纹的半径差，若 i=0，即为直螺纹切削；

k 表示螺纹高度(X 轴向半径值)；

f 表示螺纹导程。

(二) 不同指令的特点

(1) G32 为单一指令，程序复杂，但可加工折线螺纹。
(2) G92 为单一固定循环，每一刀背吃刀量都要指定，方便加工中调整。
(3) G76 为复合固定循环，程序最简洁，但格式不容易记。

二、相关工艺

(1) 切削用量三要素的选择：粗加工和精加工时切削用量三要素应合理选择。
(2) 小径的计算方法。
(3) 车外圆时为利于配合，实际大径要小些。
(4) 背吃刀量要逐渐减少。
(5) 外螺纹的检测。
(6) 螺纹环规的用法。

三、主要操作步骤

(1) 启动数控车床，系统上电。
(2) 回参考点。
(3) 装夹刀具和毛坯。
(4) 根据零件图编写程序。
(5) 进行模拟检验。
(6) 对刀并检验。
(7) 自动加工。
(8) 测量工件是否合格。

(9) 清扫及保养机床，打扫卫生。

(10) 填写实验报告。

实训注意事项

1. 要在指定的时间和地点完成本项目的实训操作，并按要求填写实训报告，按时呈报指导教师。

2. 要严格执行《实训车间安全操作规程》《数控车床文明生产规定》和《数控车床基本操作规程》。

3. 本项目实训中应特别注意以下几点：

(1) 由于在车削螺纹的过程中零件会产生挤压变形，造成加工的螺纹实际外径变大，为了利于螺纹配合，在加工外径时尺寸比公称尺寸小 0.2～0.3 mm。

(2) 螺纹小径在零件图上无法读出，因此需计算，小径值＝大径值－0.6495×2×P(P为螺纹螺距)。

(3) 因为伺服系统提速与降速需要一定的距离，因此要在两端设置足够的升速进刀段(一般为 3～5 mm)和降速退刀段(一般为 2～4 mm)。

(4) 把循环点 Z 坐标值和螺纹切削指令中 Z 坐标值互换即可实现左旋螺纹与右旋螺纹的转换。

(5) 车削螺纹时切削用量的选择：在车削螺纹时，除了保证螺纹的尺寸精度外，还要达到表面粗糙度的要求。由于径向车螺纹时两侧刃和刀尖都参加切削，负荷较大，容易引起振动，使螺纹表面产生波纹。所以，每次的进刀深度不宜太大，而且要逐渐减小，它的粗糙度才易于达到。如果采用负前角硬质合金螺纹车刀，要适当提高切削速度和增大径向进给量。

(6) 螺纹切削中，进给速度倍率无效。

(7) 改变主轴转速，将切出不规则的螺纹，因此在车削螺纹的过程中不能换速，以避免旋进角位置发生变化而导致乱牙。

(8) 在指令切削螺纹过程中不能执行循环暂停钮。

(9) 使用螺纹环规检测，通端旋入、止端停止时为合格。

(10) 螺纹编程只能用 G99，不能用 G98。

(11) 车螺纹只能使用 G97，不能用 G96。

(12) 车螺纹前要倒角，以便于螺纹配合。

1. 要车削多头螺纹的数控车床，主传动系统必须配置________，以确定每条螺纹线起点的________。

2. 普通螺纹的中径公差是一项综合公差，可以同时限制________、________、________三个参数的误差。

3. 加工圆锥螺纹时螺纹的切削起点和终点如何计算？

4. 切螺纹时主轴转速受哪些因素影响？如何确定主轴转速？

5. 同一段螺纹加工程序在前置刀架和后置刀架中切出的螺纹一样吗？为什么？

6. 如何在前置刀架数控车床上切削左旋螺纹？试举例说明。

实训报告

任务描述

加工图示零件，材料为45＃钢，毛坯尺寸为ø30 mm×70 mm。要求：进行零件图分析，确定加工工艺，填写数控加工刀具卡、工序卡，编写加工程序单，加工零件并检测。

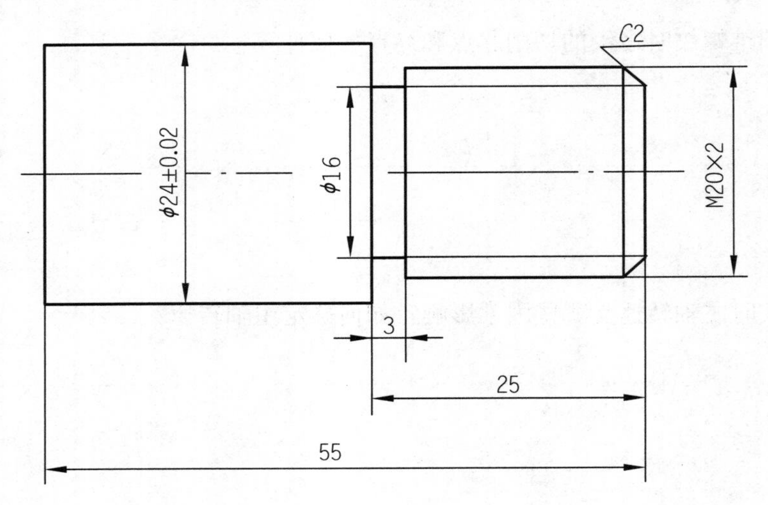

技术要求：

1. 未注倒角 $C1$。
2. 不允许使用砂布抛光。

工作过程

一、零件图分析

1. 形状分析

2. 尺寸精度分析

3. 形状精度分析

4. 表面粗糙度分析

［总结］

二、加工工艺分析

1. 确定加工方案

2. 确定装夹方案

三、填写数控加工刀具卡

数控加工刀具卡

<table>
<tr><td colspan="3">零件名称</td><td colspan="2">零件图号</td><td>程序编号</td><td colspan="2">使用设备</td></tr>
<tr><td colspan="3"></td><td colspan="2"></td><td></td><td colspan="2"></td></tr>
<tr><td rowspan="2">序号</td><td rowspan="2">刀具号</td><td rowspan="2">刀具规格名称</td><td colspan="2">刀具型号</td><td rowspan="2">刀尖半径</td><td rowspan="2">加工表面</td><td rowspan="2">备注</td></tr>
<tr><td>刀体</td><td>刀片</td></tr>
<tr><td>1</td><td></td><td></td><td></td><td></td><td></td><td></td><td></td></tr>
<tr><td>2</td><td></td><td></td><td></td><td></td><td></td><td></td><td></td></tr>
<tr><td>3</td><td></td><td></td><td></td><td></td><td></td><td></td><td></td></tr>
<tr><td>4</td><td></td><td></td><td></td><td></td><td></td><td></td><td></td></tr>
<tr><td>编制</td><td></td><td>审核</td><td colspan="2"></td><td>批注</td><td></td><td>共　页
第　页</td></tr>
</table>

[总结]

....

....

....

....

四、填写数控加工工序卡

数控加工工序卡

<table>
<tr><td colspan="3">产品名称或代号</td><td colspan="2">零件名称</td><td>材料</td><td colspan="2">零件图号</td></tr>
<tr><td colspan="3"></td><td colspan="2"></td><td></td><td colspan="2"></td></tr>
<tr><td rowspan="2">工序号</td><td>程序编号</td><td>夹具编号</td><td colspan="2">设备</td><td colspan="2">车间</td><td rowspan="2">备注</td></tr>
<tr><td></td><td></td><td colspan="2"></td><td colspan="2"></td></tr>
<tr><td>工步号</td><td>工步内容</td><td>刀具号</td><td>刀具规格</td><td>主轴转速</td><td>进给速度</td><td>背吃刀量</td><td></td></tr>
<tr><td>1</td><td></td><td></td><td></td><td></td><td></td><td></td><td></td></tr>
<tr><td>2</td><td></td><td></td><td></td><td></td><td></td><td></td><td></td></tr>
<tr><td>3</td><td></td><td></td><td></td><td></td><td></td><td></td><td></td></tr>
<tr><td>4</td><td></td><td></td><td></td><td></td><td></td><td></td><td></td></tr>
<tr><td>编制</td><td></td><td>审核</td><td></td><td>批注</td><td></td><td>共　页
第　页</td><td></td></tr>
</table>

［总结］

（1）G32、G92、G76 格式及含义

（2）G32、G92、G76 走刀路径

（3）G32、G92、G76 加工对象及作用

（4）数值计算

五、编写加工程序单

加工程序单

程　　序	说　　明

[注]

六、程序校验、试切

七、自动运行加工

八、检查

项目实习心得

实习实训指导老师评阅意见

［评语］

［成绩］

指导老师签名__________　　年　　月　　日

评　分　表

项目	序号	考核内容	要求	配分		评分标准	得分
				IT	Ra		
外圆	1	ø24±0.02		10		超差不得分	
螺纹	2	M20×2		10		不合格 不得分	
沟槽	3	ø16×3		10		不合格 不得分	
长度	4	25		10		超差不得分	
	5	55		10		超差不得分	
倒角	6	4处		10		少1处扣2.5分	
工艺合理	7	工件定位、夹紧及刀具选择合理		10		酌情扣分	
	8	加工顺序及刀具轨迹路线合理		10		酌情扣分	
安全文明生产	9	遵守机床安全操作规程		10		酌情扣分	
	10	工、量、刃具放置规范		5		酌情扣分	
	11	设备保养、场地整洁		5		酌情扣分	

项目七　复合循环指令 G71 加工

实 训 指 导

实训目的

1. 在教师的指导下完成复杂表面的加工。
2. 掌握编程要点，懂得在哪种情况下使用 G71。
3. 知晓如何通过磨耗来控制加工精度。

实训要求

严格遵守安全操作规程，按照老师要求的步骤操作。

实训器材

本实训项目所需的主要设备、材料包括：FANUC 系统数控车床、ø35 mm 毛坯、外圆刀、切槽刀、螺纹刀、游标卡尺、千分尺，应提前做好准备。

相关知识点分析

一、相关指令

外圆粗加工复合循环(G71)指令格式：

指令格式　G71　U$\underline{\Delta d}$　R$\underline{e}$

G71　P$\underline{ns}$　Q$\underline{nf}$　U$\underline{\Delta u}$　W$\underline{\Delta w}$　F$\underline{f}$　S$\underline{s}$　T$\underline{t}$

指令功能　切除棒料毛坯大部分加工余量，切削沿平行 Z 轴方向进行，适合 X 轴向上单调递增或递减的轴类零件的粗加工。

指令说明　Δd 表示每次切削深度(半径值)，无正负号；

e 表示退刀量(半径值)，无正负号；

ns 表示精加工路线第一个程序段的顺序号；
nf 表示精加工路线最后一个程序段的顺序号；
Δu 表示 X 轴向的精加工余量(直径值)；
Δw 表示 Z 轴向的精加工余量；
f 表示进给量；
s 表示主轴转速；
t 表示刀具号。

二、相关工艺

1. 切削用量三要素的选择

粗加工和精加工时切削用量三要素应合理选择。

2. 影响精度的因素

(1) 对刀误差。
(2) 定位误差。
(3) 车床工艺系统误差。
(4) 数控编程误差。

3. 加工中精度的控制

(1) 通过磨耗来控制。
(2) 通过修改程序来控制。
(3) 通过提高对刀精度来控制。

4. 图形的数学处理

(1) 基点、节点的计算。
(2) 非对称公差的处理。
(3) 螺纹小径的计算。
(4) 锥度、斜度的计算。

三、主要操作步骤

(1) 启动数控车床,系统上电。
(2) 回参考点。
(3) 装夹刀具和毛坯。
(4) 根据零件图编写程序。
(5) 进行模拟检验。
(6) 对刀并检验。
(7) 自动加工。
(8) 测量工件是否合格。
(9) 清扫及保养机床,打扫卫生。
(10) 填写实验报告。

实训注意事项

1. 要在指定的时间和地点完成本项目的实训操作，并按要求填写实训报告，按时呈报指导教师。

2. 要严格执行《实训车间安全操作规程》《数控车床文明生产规定》和《数控车床基本操作规程》。

3. 本项目实训中应特别注意以下几点：

(1) 在粗加工后可进行测量，通过磨耗来控制加工精度，防止精加工后因零件不合格而造成报废。但要注意以下几个问题：

① 将测量的值和精加工前的理论值进行比较，大了补负值，小了补正值。

② 必须在磨耗里输入假想刀尖位置号。

③ 精加工前必须让刀停在循环点。

④ 精加工前一定要调刀。

(2) 在 G71 的切削循环程序段中，表示精加工路线的第一个程序段必须用 01 组 G 代码中的 G00 或 G01 编程，否则 P/S 报警。

(3) 在 MDI 方式中，不能执行 G70、G71 指令，否则 P/S 报警。

(4) 精加工路线中的 F、S、T 对粗加工无效，但对精加工有效。

(5) 精加工路线中不能调用子程序。

(6) 精加工路线中的 G97 或 G96 无效。在粗加工前指定的 G97 或 G96 有效。

(7) 精加工路线中不能出现固定循环指令。

(8) G71 只能加工 X 轴向上单调增加或单调减小的零件。

(9) 精加工路线第一个程序段中只允许 G00X 轴移动，Z 轴不能移动。

实训思考题

1. 在车床的两顶尖间装夹一细长工件车削外圆后，当车床刚性较好而工件刚性较差时，工件易呈________形误差。

2. 试分析补偿磨耗不起作用的原因。

....

....

....

....

....

....

....

3. 除了磨耗，还可以通过哪些措施来控制精度？

4. 进行粗加工时 Z 轴能不能留精加工余量？为什么？

实 训 报 告

任务描述

加工图示零件，材料为45＃钢，毛坯尺寸为 ø35 mm×80 mm。要求：进行零件图分析，确定加工工艺，填写数控加工刀具卡、工序卡，编写加工程序单，加工零件并检测。

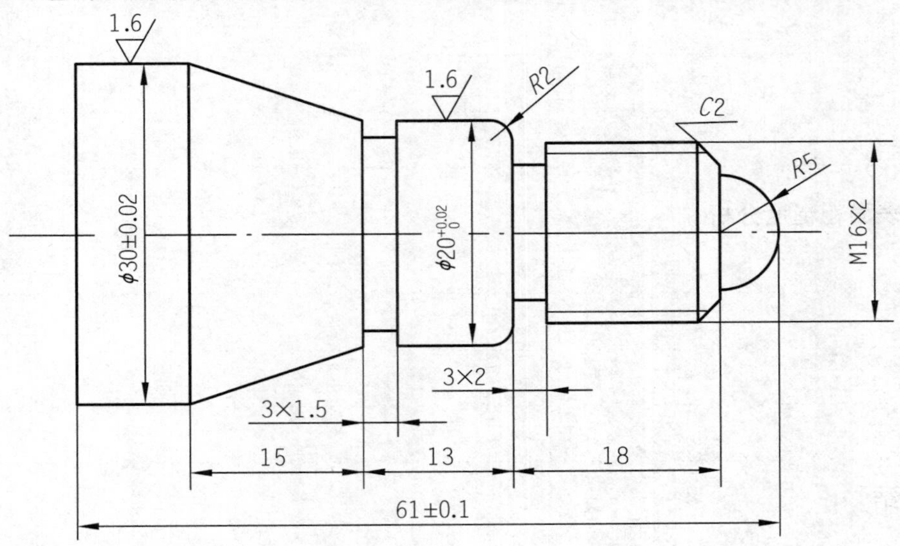

技术要求：

1. 未注倒角 $C1$。
2. 不允许使用砂布抛光。

工作过程

一、零件图分析

1. 形状分析

2. 尺寸精度分析

3. 形状精度分析

4. 表面粗糙度分析

[总结]

二、加工工艺分析

1. 确定加工方案

2. 确定装夹方案

三、填写数控加工刀具卡

数控加工刀具卡

<table>
<tr><td colspan="3">零件名称</td><td colspan="2">零件图号</td><td>程序编号</td><td colspan="2">使用设备</td></tr>
<tr><td colspan="3"></td><td colspan="2"></td><td></td><td colspan="2"></td></tr>
<tr><td rowspan="2">序号</td><td rowspan="2">刀具号</td><td rowspan="2">刀具规格名称</td><td colspan="2">刀具型号</td><td rowspan="2">刀尖半径</td><td rowspan="2">加工表面</td><td rowspan="2">备注</td></tr>
<tr><td>刀体</td><td>刀片</td></tr>
<tr><td>1</td><td></td><td></td><td></td><td></td><td></td><td></td><td></td></tr>
<tr><td>2</td><td></td><td></td><td></td><td></td><td></td><td></td><td></td></tr>
<tr><td>3</td><td></td><td></td><td></td><td></td><td></td><td></td><td></td></tr>
<tr><td>4</td><td></td><td></td><td></td><td></td><td></td><td></td><td></td></tr>
<tr><td>编制</td><td></td><td>审核</td><td colspan="2"></td><td>批注</td><td></td><td>共　页
第　页</td></tr>
</table>

[总结]

四、填写数控加工工序卡

数控加工工序卡

产品名称或代号			零件名称		材料		零件图号
工序号	程序编号	夹具编号	设备		车间		备注
工步号	工步内容	刀具号	刀具规格	主轴转速	进给速度	背吃刀量	
1							
2							
3							
4							
编制		审核		批注		共　页 第　页	

[总结]

(1) G71 格式及含义

(2) G71 走刀路径

(3) G71 加工对象及作用

(4) 数值计算

五、编写加工程序单

加工程序单

程　　序	说　　明

[注]

六、程序校验、试切

七、自动运行加工

八、检查

项目实习心得

实习实训指导老师评阅意见
[评语]
[成绩]
指导老师签名__________　　年　　月　　日

评　分　表

项目	序号	考核内容	要求	配分		评分标准	得分
				IT	Ra		
外圆	1	$\phi 30\pm0.02$	$Ra1.6$	5	5	超差不得分	
	2	$\phi 20_{0}^{+0.02}$	$Ra1.6$	5	5	超差不得分	
螺纹	3	M16×2		10		不合格不得分	
沟槽	4	3×2		5		不合格不得分	
	5	3×1.5		5		不合格不得分	
长度	6	61±0.1		10		超差不得分	
倒角	7	4处		10		少1处扣2.5分	
圆弧	8	$R5$		5		不合格不得分	
	9	$R2$		5		不合格不得分	
工艺合理	10	工件定位、夹紧及刀具选择合理		5		酌情扣分	
	11	加工顺序及刀具轨迹路线合理		5		酌情扣分	
安全文明生产	12	遵守机床安全操作规程		10		酌情扣分	
	13	工、量、刀具放置规范		5		酌情扣分	
	14	设备保养、场地整洁		5		酌情扣分	

项目八　复合循环指令 G73 加工

实 训 指 导

实训目的

1. 在教师的指导下完成复杂表面的加工。
2. 掌握编程要点，懂得加工什么样的零件用 G73。
3. 知晓在使用 G73 加工时如何选择合适的刀具几何角度。

实训要求

严格遵守安全操作规程，按照老师要求的步骤操作。

实训器材

本实训项目所需的主要设备、材料包括：FANUC 系统数控车床、ø35 mm 毛坯、外圆刀、游标卡尺、千分尺，应提前做好准备。

相关知识点分析

一、相关指令

固定形状切削复合循环(G73)指令格式：

指令格式　G73　U$\underline{\Delta i}$　W$\underline{\Delta k}$　R$\underline{d}$

　　　　　G73　P$\underline{ns}$　Q$\underline{nf}$　U$\underline{\Delta u}$　W$\underline{\Delta w}$　F$\underline{f}$　S$\underline{s}$　T$\underline{t}$

指令功能　适合加工 X 轴向非单调变化的零件和铸造、锻造已粗车成型的零件。

指令说明　Δi 表示 X 轴向总退刀量(半径值)；

　　　　　Δk 表示 Z 轴向总退刀量；

　　　　　d 表示循环次数；

ns 表示精加工路线第一个程序段的顺序号；
nf 表示精加工路线最后一个程序段的顺序号；
Δu 表示 X 轴向的精加工余量(直径值)；
Δw 表示 Z 轴向的精加工余量；
f 表示进给量；
s 表示主轴转速；
t 表示刀具号。

二、相关工艺

1. 切削用量三要素的选择

粗加工和精加工时切削用量三要素应合理选择。

2. 零件图样分析

(1) 加工精度、表面粗糙度。
(2) 公差与配合。
(3) 基准与尺寸标注。
(4) 尺寸链的计算。

3. 刀具的选择

(1) 几何角度。
(2) 刀具材料。
(3) 刀具型号。

4. 夹具的选择

(1) 通用夹具。
(2) 专用夹具。
(3) 组合夹具。

三、主要操作步骤

(1) 启动数控车床,系统上电。
(2) 回参考点。
(3) 装夹刀具和毛坯。
(4) 根据零件图编写程序。
(5) 进行模拟检验。
(6) 对刀并检验。
(7) 自动加工。
(8) 测量工件是否合格。
(9) 清扫及保养机床,打扫卫生。
(10) 填写实验报告。

实训注意事项

1. 要在指定的时间和地点完成本项目的实训操作，并按要求填写实训报告，按时呈报指导教师。

2. 要严格执行《实训车间安全操作规程》《数控车床文明生产规定》和《数控车床基本操作规程》。

3. 本项目实训中应特别注意以下几点：

(1) 使用 G73 加工 X 轴向非单调变化的零件时，为防止副刀刃发生干涉现象，应选择尖刀或圆弧形车刀，选择尖刀加工时为防止断刀，要选择合适的切削用量。

(2) 在粗加工后可进行测量，通过磨耗来控制加工精度，防止精加工后因零件不合格而造成报废。但要注意以下几个问题：

① 将测量的值和精加工前的理论值进行比较，大了补负值，小了补正值。

② 必须在磨耗里输入假想刀尖位置号。

③ 精加工前必须让刀停在循环点。

④ 精加工前一定要调刀。

(3) 在 G73 的切削循环程序段中，表示精加工路线的第一程序段必须用 01 组 G 代码中的 G00 或 G01 编程，否则 P/S 报警。

(4) 在 MDI 方式中，不能执行 G73 指令，否则 P/S 报警。

(5) 精加工路线中的 F、S、T 对粗加工无效，但对精加工有效。

(6) 精加工路线中不能调用子程序。

(7) 精加工路线中的 G97 或 G96 无效。在粗加工前指定的 G97 或 G96 有效。

(8) 精加工路线中不能出现固定循环指令。

(9) 粗加工后可停下来进行测量，注意事项同 G71。

1. 工艺基准分为________基准、________基准和________基准。

2. 积屑瘤是如何形成的？对生产过程有何影响？若要避免积屑瘤应该采取哪些措施？

3. 精基准的选择原则是什么?

4. 为什么在刀补建立和撤销过程中不能进行零件的加工?

实 训 报 告

任务描述

加工图示零件,材料为45＃钢,毛坯尺寸为ø35 mm×105 mm。要求:进行零件图分析,确定加工工艺,填写数控加工刀具卡、工序卡,编写加工程序单,加工零件并检测。

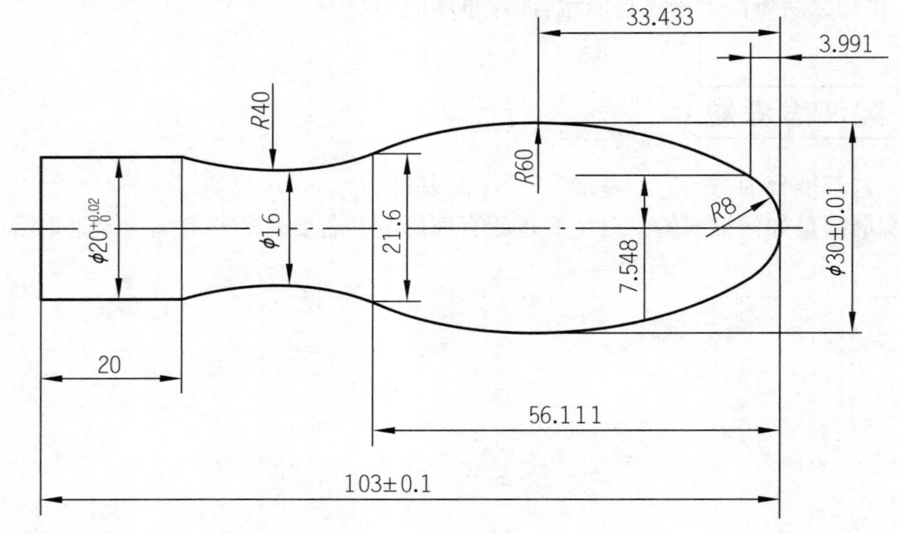

技术要求:

1. 未注倒角 $C1$。
2. 不允许使用砂布抛光。

工作过程

一、零件图分析

1. 形状分析

2. 尺寸精度分析

3. 形状精度分析

4. 表面粗糙度分析

[总结]

二、加工工艺分析

1. 确定加工方案

2. 确定装夹方案

三、填写数控加工刀具卡

数控加工刀具卡

零件名称			零件图号		程序编号	使用设备	
序号	刀具号	刀具规格名称	刀具型号		刀尖半径	加工表面	备注
			刀体	刀片			
1							
2							
3							
4							
编制		审核			批注		共　页 第　页

［总结］

四、填写数控加工工序卡

数控加工工序卡

产品名称或代号			零件名称		材料	零件图号	
工序号	程序编号	夹具编号	设备		车间		备注
工步号	工步内容	刀具号	刀具规格	主轴转速	进给速度	背吃刀量	
1							
2							
3							
4							
编制		审核		批注		共　页 第　页	

［总结］

(1) G73 格式及含义……………………………………

……………………………………………………

……………………………………………………

……………………………………………………

……………………………………………………

(2) G73 走刀路径……………………………………

……………………………………………………

……………………………………………………

……………………………………………………

(3) G73 加工对象及作用……………………………………

……………………………………………………

……………………………………………………

(4) 数值计算……………………………………

……………………………………………………

……………………………………………………

……………………………………………………

五、编写加工程序单

加工程序单

程　　序	说　　明

[注]

六、程序校验、试切

七、自动运行加工

八、检查

项目实习心得

实习实训指导老师评阅意见

［评语］

［成绩］

指导老师签名＿＿＿＿＿　　年　　月　　日

评　分　表

项目	序号	考核内容	要求	配分		评分标准	得分
				IT	*Ra*		
外圆	1	$\phi 30 \pm 0.01$		10		超差不得分	
	2	$\phi 20_{0}^{+0.02}$		10		超差不得分	
长度	3	103 ± 0.1		10		超差不得分	
圆弧	4	*R*8		5		不合格不得分	
	5	*R*60		5		不合格不得分	
	6	*R*40		5		不合格不得分	
倒角	7	1处		5		不合格不得分	
工艺合理	8	工件定位、夹紧及刀具选择合理		10		酌情扣分	
	9	加工顺序及刀具轨迹路线合理		10		酌情扣分	
安全文明生产	10	遵守机床安全操作规程		10		酌情扣分	
	11	工、量、刃具放置规范		10		酌情扣分	
	12	设备保养、场地整洁		10		酌情扣分	

项目九　精加工循环指令 G70 加工

实 训 指 导

实训目的

1. 在教师的指导下完成零件的精加工。
2. 掌握 G70 指令的应用技巧。
3. 知晓如何通过磨耗来控制加工精度。

实训要求

严格遵守安全操作规程，按照老师要求的步骤操作。

实训器材

本实训项目所需的主要设备、材料包括：FANUC 系统数控车床、ø45 mm×80 mm 毛坯、外圆刀、切槽刀、螺纹刀、游标卡尺、千分尺，应提前做好准备。

相关知识点分析

一、相关指令

(1) G70 指令格式：

精加工循环指令(G70)。

指令格式　G70　P__　Q__

指令功能　切除 G71 或 G73 粗加工后留下的加工余量。

指令说明　P__开始循环的程序段号；

　　　　　Q__结束循环的程序段号。

(2) G70 状态下，循环主体中的 F、S、T 有效，循环主体中不指定时，G71 或 G73 指令中指定的 F、S、T 有效。

二、相关工艺

(1) 切削用量三要素的选择:粗加工和精加工时切削用量三要素应合理选择。
(2) 走刀路线。
(3) 刀具的选择:
① 几何角度。
② 刀具材料。
③ 刀具型号。
(4) 加工中精度的控制:
① 通过磨耗来控制。
② 通过修改程序来控制。
③ 通过提高对刀精度来控制。
(5) 影响精度的因素:
① 对刀误差。
② 定位误差。
③ 机床工艺系统误差。
④ 数控编程误差。

三、主要操作步骤

(1) 启动数控车床,系统上电。
(2) 回参考点。
(3) 装夹刀具和毛坯。
(4) 根据零件图编写程序。
(5) 进行模拟检验。
(6) 对刀并检验。
(7) 自动粗加工。
(8) 测量工件误差并补偿误差。
(9) 自动精加工。
(10) 测量工件是否合格。
(11) 清扫及保养机床,打扫卫生。
(12) 填写实验报告。

实训注意事项

1. 要在指定的时间和地点完成本项目的实训操作,并按要求填写实训报告,按时呈报指导教师。

2. 要严格执行《实训车间安全操作规程》《数控车床文明生产规定》和《数控车床基本操

作规程》。

3. 本项目实训中应特别注意以下几点：

(1) 在粗加工后可进行测量，通过磨耗来控制加工精度，防止精加工后因零件不合格而造成报废。但要注意以下几个问题：

① 将测量的值和精加工前的理论值比较，大了补负值，小了补正值。

② 必须在磨耗里输入假想刀尖位置号。

③ 精加工前必须让刀停在循环点。

④ 精加工前一定要调刀。

⑤ 程序段中开始切削工件前要写入对应刀具补偿指令 G41/G42，工件加工完成后要用 G40 指令取消刀具补偿。

(2) 在 G70 调用的程序段中，当 P 指定了程序段顺序号，则对应此程序段必须用 01 组 G 代码中的 G00 或 G01 编程，否则 P/S 报警。

(3) 在 MDI 方式中，不能执行 G70、G71、指令，否则 P/S 报警。

(4) 精加工路线中的 F、S、T 对粗加工无效，但对精加工有效。

(5) 精加工路线中不能调用子程序。

(6) 精加工路线中的 G97 或 G96 无效。在粗加工前指定的 G97 或 G96 有效。

(7) 精加工路线中不能出现固定循环指令。

(8) 精加工路线第一个程序段中只允许 G00X 轴移动，Z 轴不能移动。

实训思考题

1. 刀具补偿功能包括__________、__________和__________三个阶段。

2. 请分析影响刀具使用寿命的原因。

3. 工件加工完成后，影响工件表面粗糙度的因素有哪些？

4. 简述数控车床对刀具材料的基本要求。

5. 简述精加工操作前应注意的问题。

实 训 报 告

任务描述

加工图示零件，材料为 45＃钢，毛坯尺寸为 ø45 mm×80 mm。要求：进行零件图分析，确定加工工艺，填写数控加工刀具卡、工序卡，编写加工程序单，加工零件并检测。

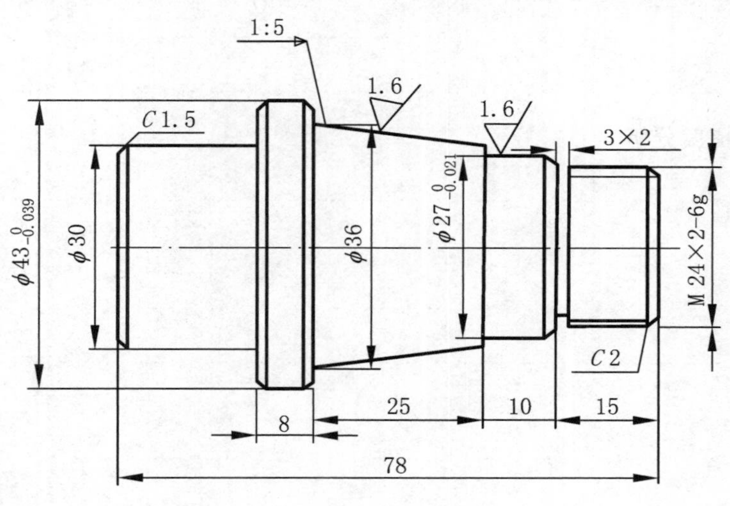

技术要求：

1. 未注倒角 C1。
2. 不允许使用砂布抛光。

工作过程

一、零件图分析

1. 形状分析

2. 尺寸精度分析

3. 形状精度分析

4. 表面粗糙度分析

[总结]

二、加工工艺分析

1. 确定加工方案

2. 确定装夹方案

三、填写数控加工刀具卡

数控加工刀具卡

<table>
<tr><td colspan="3">零件名称</td><td colspan="2">零件图号</td><td>程序编号</td><td colspan="2">使用设备</td></tr>
<tr><td colspan="3"></td><td colspan="2"></td><td></td><td colspan="2"></td></tr>
<tr><td rowspan="2">序号</td><td rowspan="2">刀具号</td><td rowspan="2">刀具规格名称</td><td colspan="2">刀具型号</td><td rowspan="2">刀尖半径</td><td rowspan="2">加工表面</td><td rowspan="2">备注</td></tr>
<tr><td>刀体</td><td>刀片</td></tr>
<tr><td>1</td><td></td><td></td><td></td><td></td><td></td><td></td><td></td></tr>
<tr><td>2</td><td></td><td></td><td></td><td></td><td></td><td></td><td></td></tr>
<tr><td>3</td><td></td><td></td><td></td><td></td><td></td><td></td><td></td></tr>
<tr><td>4</td><td></td><td></td><td></td><td></td><td></td><td></td><td></td></tr>
<tr><td>编制</td><td></td><td>审核</td><td colspan="2"></td><td>批注</td><td></td><td>共　页
第　页</td></tr>
</table>

[总结]

四、填写数控加工工序卡

数控加工工序卡

<table>
<tr><td colspan="3">产品名称或代号</td><td colspan="2">零件名称</td><td>材料</td><td colspan="2">零件图号</td></tr>
<tr><td colspan="3"></td><td colspan="2"></td><td></td><td colspan="2"></td></tr>
<tr><td rowspan="2">工序号</td><td>程序编号</td><td>夹具编号</td><td colspan="2">设备</td><td colspan="2">车间</td><td rowspan="2">备注</td></tr>
<tr><td></td><td></td><td colspan="2"></td><td colspan="2"></td></tr>
<tr><td>工步号</td><td>工步内容</td><td>刀具号</td><td>刀具规格</td><td>主轴转速</td><td>进给速度</td><td>背吃刀量</td><td></td></tr>
<tr><td>1</td><td></td><td></td><td></td><td></td><td></td><td></td><td></td></tr>
<tr><td>2</td><td></td><td></td><td></td><td></td><td></td><td></td><td></td></tr>
<tr><td>3</td><td></td><td></td><td></td><td></td><td></td><td></td><td></td></tr>
<tr><td>4</td><td></td><td></td><td></td><td></td><td></td><td></td><td></td></tr>
<tr><td>编制</td><td></td><td>审核</td><td></td><td>批注</td><td></td><td>共 页
第 页</td><td></td></tr>
</table>

[总结]

(1) G70格式及含义……………………………………

(2) G70走刀路径……………………………………

(3) G70的作用……………………………………

(4) 数值计算……………………………………

五、编写加工程序单

加工程序单

程　　序	说　　明

[注]

六、程序校验、试切

七、自动运行加工

八、检查

项目实习心得

<u>实习实训指导老师评阅意见</u>

［评语］

［成绩］

指导老师签名__________　　年　　月　　日

评　分　表

<table>
<tr><th rowspan="2">项目</th><th rowspan="2">序号</th><th rowspan="2">考核内容</th><th rowspan="2">要求</th><th colspan="2">配分</th><th rowspan="2">评分标准</th><th rowspan="2">得分</th></tr>
<tr><th>IT</th><th>Ra</th></tr>
<tr><td rowspan="3">外圆</td><td>1</td><td>$\phi 43^{0}_{-0.039}$</td><td></td><td colspan="2">10</td><td>超差不得分</td><td></td></tr>
<tr><td>2</td><td>$\phi 27^{0}_{-0.021}$</td><td>Ra1.6</td><td>5</td><td>5</td><td>超差不得分</td><td></td></tr>
<tr><td>3</td><td>ø30</td><td></td><td colspan="2">5</td><td>超差不得分</td><td></td></tr>
<tr><td rowspan="2">长度</td><td>4</td><td>8</td><td></td><td colspan="2">5</td><td>超差不得分</td><td></td></tr>
<tr><td>5</td><td>78</td><td></td><td colspan="2">10</td><td>超差不得分</td><td></td></tr>
<tr><td>螺纹</td><td>6</td><td>M24×2-6g</td><td></td><td colspan="2">10</td><td>不合格
不得分</td><td></td></tr>
<tr><td>沟槽</td><td>7</td><td>3×2</td><td></td><td colspan="2">5</td><td>不合格
不得分</td><td></td></tr>
<tr><td>圆锥</td><td>8</td><td>1∶5</td><td>Ra1.6</td><td>5</td><td>5</td><td>不合格
不得分</td><td></td></tr>
<tr><td>倒角</td><td>9</td><td>5 处</td><td></td><td colspan="2">10</td><td>少 1 处
扣 2 分</td><td></td></tr>
<tr><td rowspan="2">工艺
合理</td><td>10</td><td>工件定位、夹紧
及刀具选择合理</td><td></td><td colspan="2">5</td><td>酌情扣分</td><td></td></tr>
<tr><td>11</td><td>加工顺序及刀具
轨迹路线合理</td><td></td><td colspan="2">5</td><td>酌情扣分</td><td></td></tr>
<tr><td rowspan="3">安全
文明
生产</td><td>12</td><td>遵守机床安
全操作规程</td><td></td><td colspan="2">5</td><td>酌情扣分</td><td></td></tr>
<tr><td>13</td><td>工、量、刀具
放置规范</td><td></td><td colspan="2">5</td><td>酌情扣分</td><td></td></tr>
<tr><td>14</td><td>设备保养、
场地整洁</td><td></td><td colspan="2">5</td><td>酌情扣分</td><td></td></tr>
</table>

项目十　子程序加工

实训指导

实训目的

1. 掌握子程序加工编程方法。
2. 掌握子程序调用次数的计算方法。

实训要求

严格遵守安全操作规程，按照老师要求的步骤操作。

实训器材

本实训项目所需的主要设备、材料包括：FANUC 系统数控车床、ø30 mm 毛坯、外圆刀、切槽刀、游标卡尺、千分尺，应提前做好准备。

相关知识点分析

一、相关指令

（1）子程序指令格式：

指令格式　M98P________；调用子程序

　　　　　M99P________；子程序结束

（2）各个代码的含义。

（3）子程序可以使繁琐的程序得到简化，一般用于加工外形尺寸相同且需多次反复加工的零件。

二、作为固定循环进行仿形加工

(1) 背吃刀量的表示。
(2) 起刀点的计算。
(3) 子程序的写法。
(4) 精加工时子程序的调用方法。
(5) 与 G73 的区别。
(6) 子程序的独立使用。
(7) 子程序的嵌套。

三、主要操作步骤

(1) 启动数控车床,系统上电。
(2) 回参考点。
(3) 装夹刀具和毛坯。
(4) 根据零件图编写程序。
(5) 进行模拟检验。
(6) 对刀并检验。
(7) 自动加工。
(8) 测量工件是否合格。
(9) 清扫及保养机床,打扫卫生。
(10) 填写实验报告。

实训注意事项

1. 要在指定的时间和地点完成本项目的实训操作,并按要求填写实训报告,按时呈报指导教师。

2. 要严格执行《实训车间安全操作规程》《数控车床文明生产规定》和《数控车床基本操作规程》。

3. 本项目实训中应特别注意以下几点:

(1) 调用子程序加工时应注意,子程序编程必须要建立新的文件名,同时建立的文件名与主程序要调用的文件名一致。

(2) 要求子程序内所有的程序段不能为循环指令,如 G90、G94、G92、G71、G72、G73 等。

(3) 加工前一定要检查光标是否在主程序开头,暂停加工时光标也必须返回主程序开头,否则容易造成事故。

(4) 作为固定循环使用进行仿形加工时要计算好起刀点,不然加工出的零件尺寸或形状不对。

1. 在加工什么样的零件时用子程序编程比较方便、简单？

2. 子程序用作固定循环使用进行仿形加工时，如何计算起刀点？

3. 在使用子程序编程时，应注意哪些问题？

4. 背吃刀量如何表示？

5. 起始点如何计算？

6. 简述精加工时子程序的调用方法。

实 训 报 告

任务描述

加工图示零件，材料为45#钢，毛坯尺寸为ø30 mm×62 mm。要求：进行零件图分析，确定加工工艺，填写数控加工刀具卡、工序卡，编写加工程序单，加工零件并检测。

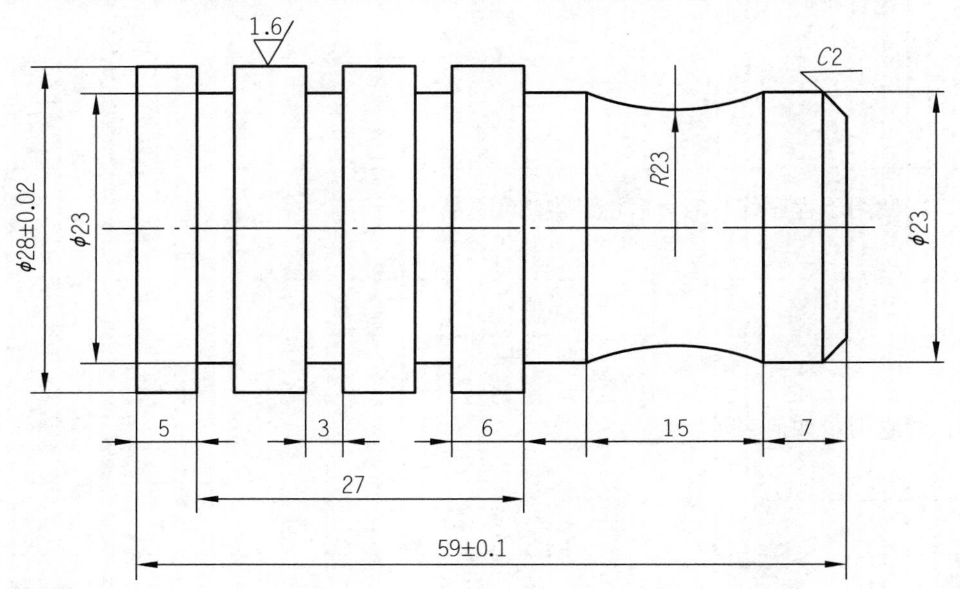

技术要求：

1. 未注倒角 $C1$。
2. 不允许使用砂布抛光。

工作过程

一、零件图分析

1. 形状分析

2. 尺寸精度分析

3. 形状精度分析

4. 表面粗糙度分析

［总结］

二、加工工艺分析

1. 确定加工方案

2. 确定装夹方案

三、填写数控加工刀具卡

数控加工刀具卡

<table>
<tr><td colspan="3">零件名称</td><td colspan="2">零件图号</td><td>程序编号</td><td colspan="2">使用设备</td></tr>
<tr><td colspan="3"></td><td colspan="2"></td><td></td><td colspan="2"></td></tr>
<tr><td rowspan="2">序号</td><td rowspan="2">刀具号</td><td rowspan="2">刀具规格名称</td><td colspan="2">刀具型号</td><td rowspan="2">刀尖半径</td><td rowspan="2">加工表面</td><td rowspan="2">备注</td></tr>
<tr><td>刀体</td><td>刀片</td></tr>
<tr><td>1</td><td></td><td></td><td></td><td></td><td></td><td></td><td></td></tr>
<tr><td>2</td><td></td><td></td><td></td><td></td><td></td><td></td><td></td></tr>
<tr><td>3</td><td></td><td></td><td></td><td></td><td></td><td></td><td></td></tr>
<tr><td>4</td><td></td><td></td><td></td><td></td><td></td><td></td><td></td></tr>
<tr><td>编制</td><td></td><td>审核</td><td colspan="2"></td><td>批注</td><td></td><td>共　页
第　页</td></tr>
</table>

[总结]

....

....

....

....

四、填写数控加工工序卡

数控加工工序卡

<table>
<tr><td colspan="3">产品名称或代号</td><td colspan="2">零件名称</td><td colspan="1">材料</td><td colspan="2">零件图号</td></tr>
<tr><td colspan="3"></td><td colspan="2"></td><td colspan="1"></td><td colspan="2"></td></tr>
<tr><td rowspan="2">工序号</td><td>程序编号</td><td>夹具编号</td><td colspan="2">设备</td><td colspan="2">车间</td><td rowspan="2">备注</td></tr>
<tr><td></td><td></td><td colspan="2"></td><td colspan="2"></td></tr>
<tr><td>工步号</td><td>工步内容</td><td>刀具号</td><td>刀具规格</td><td>主轴转速</td><td>进给速度</td><td>背吃刀量</td><td></td></tr>
<tr><td>1</td><td></td><td></td><td></td><td></td><td></td><td></td><td></td></tr>
<tr><td>2</td><td></td><td></td><td></td><td></td><td></td><td></td><td></td></tr>
<tr><td>3</td><td></td><td></td><td></td><td></td><td></td><td></td><td></td></tr>
<tr><td>4</td><td></td><td></td><td></td><td></td><td></td><td></td><td></td></tr>
<tr><td>编制</td><td></td><td>审核</td><td></td><td>批注</td><td></td><td>共　页
第　页</td><td></td></tr>
</table>

[总结]

（1）M98、M99 格式及含义

（2）子程序走刀路径

（3）M98、M99 加工对象及作用

（4）数值计算

五、编写加工程序单

加工程序单

程　序	说　明

［注］

六、程序校验、试切

七、自动运行加工

八、检查

项目实习心得

实习实训指导老师评阅意见

［评语］

［成绩］

指导老师签名＿＿＿＿＿＿　年　月　日

评　分　表

项目	序号	考核内容	要求	配分		评分标准	得分
				IT	*Ra*		
外圆	1	ø28±0.02	*Ra*1.6	5	5	超差不得分	
	2	ø23		10		超差不得分	
长度	3	6		10		超差不得分	
	4	5		5		超差不得分	
	5	59±0.1		10		超差不得分	
沟槽	6	ø23×3 (3 处)		5×3		不合格 不得分	
圆弧	7	*R*22.8		5		不合格 不得分	
倒角	8	9 处		10		原则上少 1 处扣 1 分	
工艺合理	9	工件定位、夹紧及刀具选择合理		5		酌情扣分	
	10	加工顺序及刀具轨迹路线合理		5		酌情扣分	
安全文明生产	11	遵守机床安全操作规程		5		酌情扣分	
	12	工、量、刃具放置规范		5		酌情扣分	
	13	设备保养、场地整洁		5		酌情扣分	

项目十一　外轮廓加工

实训指导

实训目的

1. 掌握在程序编制过程中处理公差的方法。
2. 掌握工件的装夹及找正的方法。
3. 熟练利用刀具磨损补偿来控制零件的尺寸与精度。
4. 熟练对中等复杂程度零件进行工艺分析的一般过程。

实训要求

严格遵守安全操作规程,按照老师要求的步骤操作。

实训器材

本实训项目所需的主要设备、材料包括:FANUC 系统数控车床、ø30 mm 毛坯、外圆刀、切槽刀、螺纹刀、游标卡尺、千分尺,应提前做好准备。

相关知识点分析

一、公差处理

使极限公差对称分布。

二、工艺分析的一般过程

1. 分析零件图

(1) 尺寸公差。

(2) 形状和位置公差。

(3) 表面粗糙度。

2. 制定工艺方案

(1) 确定工序与装夹方式。

(2) 确定进给路线。

(3) 确定切削用量。

(4) 刀具的选择。

3. 编写加工程序并进行首件试切

(1) 编写程序。

(2) 模拟加工。

(3) 首件试切。

4. 零件的检测

(1) 外圆尺寸的检测方法。

(2) 形状和位置公差的检测方法。

(3) 表面粗糙度的检测方法。

(4) 螺纹的检测方法。

三、主要操作步骤

(1) 启动数控车床,系统上电。

(2) 回参考点。

(3) 装夹刀具和毛坯。

(4) 根据零件图编写程序。

(5) 进行模拟检验。

(6) 对刀并检验。

(7) 自动加工。

(8) 测量工件是否合格。

(9) 清扫及保养机床,打扫卫生。

(10) 填写实验报告。

实训注意事项

1. 要在指定的时间和地点完成本项目的实训操作,并按要求填写实训报告,按时呈报指导教师。

2. 要严格执行《实训车间安全操作规程》《数控车床文明生产规定》和《数控车床基本操作规程》。

3. 本项目实训中应特别注意以下几点:

(1) 在程序加工中,零件加工的表面粗糙度也是重要的质量指标,只有在尺寸精度加工合格,同时其表面粗糙度也达到图纸要求时,才能算合格零件。所以,要保证零件的表面质量加工合格，应该采取以下措施：

① 工艺方面：数控车床所能达到的表面粗糙度一般在 $Ra1.6$～3.2。如果超过了 $Ra1.6$，应该在工艺上采取更为经济的磨削方法或者其他精加工技术措施。

② 刀具方面：要根据零件材料的牌号和切削性能正确选择刀具的类型牌号和几何参数，特别是前角、后角和修光刃对提高表面加工质量有很大的作用。

③ 切削用量方面：在零件精加工时切削用量的选择是否合理直接影响表面加工质量，特别是因为精加工余量已经很小，当精车达不到粗糙度要求时，再采取技术措施精车一次就有尺寸超差的危险。所以精车时选择较高的主轴转速和较小的进给量，能够提高表面粗糙度值。

(2) 工件在装夹时若工件轴线与主轴轴线不重合，容易产生锥度误差。

(3) 加工时 Z 轴向精度很容易超差，要提高对刀精度，还可以通过磨耗来补偿。

1. 相对于计算机发出的每一个指令脉冲，车床运动部件产生一个基准位移量，称为________。

2. 简述刀尖高低对产品精度有哪些影响。

3. 编程时如何处理尺寸公差？试举例说明。

4. 在调头加工后如何才能保证同轴度要求？

5. 锥度配合件的检查方法有哪些？

6. 工件装夹时夹紧原则有哪些？

7. 切削液的作用有哪些？

实 训 报 告

任务描述

加工图示零件，材料为 45＃钢，毛坯尺寸为 ø30 mm×63 mm。要求：进行零件图分析，确定加工工艺，填写数控加工刀具卡、工序卡，编写加工程序单，加工零件并检测。

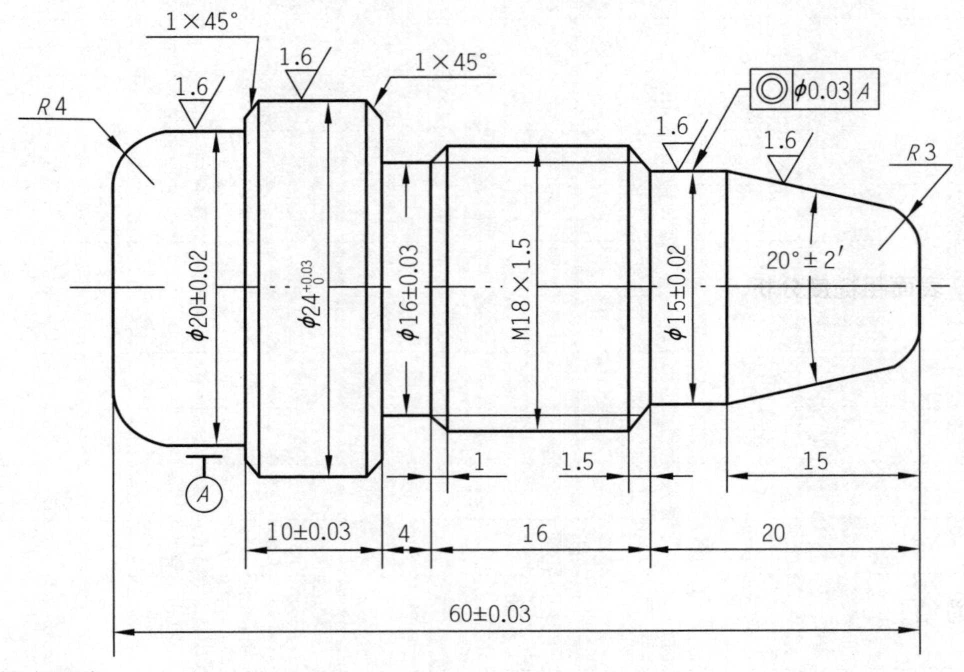

技术要求：

1. 未注倒角 C1。
2. 不允许使用砂布抛光。

工作过程

一、零件图分析

1. 形状分析

2. 尺寸精度分析

3. 形状精度分析

4. 表面粗糙度分析

[总结]

二、加工工艺分析

1. 确定加工方案

……………………………………………………………

……………………………………………………………

……………………………………………………………

……………………………………………………………

2. 确定装夹方案

……………………………………………………………

……………………………………………………………

……………………………………………………………

……………………………………………………………

三、填写数控加工刀具卡

数控加工刀具卡

<table>
<tr><td colspan="3">零件名称</td><td colspan="2">零件图号</td><td>程序编号</td><td colspan="2">使用设备</td></tr>
<tr><td colspan="3"></td><td colspan="2"></td><td></td><td colspan="2"></td></tr>
<tr><td rowspan="2">序号</td><td rowspan="2">刀具号</td><td rowspan="2">刀具规
格名称</td><td colspan="2">刀具型号</td><td rowspan="2">刀尖半径</td><td rowspan="2">加工
表面</td><td rowspan="2">备注</td></tr>
<tr><td>刀体</td><td>刀片</td></tr>
<tr><td>1</td><td></td><td></td><td></td><td></td><td></td><td></td><td></td></tr>
<tr><td>2</td><td></td><td></td><td></td><td></td><td></td><td></td><td></td></tr>
<tr><td>3</td><td></td><td></td><td></td><td></td><td></td><td></td><td></td></tr>
<tr><td>4</td><td></td><td></td><td></td><td></td><td></td><td></td><td></td></tr>
<tr><td>编制</td><td></td><td>审核</td><td colspan="2"></td><td>批注</td><td></td><td>共　页
第　页</td></tr>
</table>

[总结]

……………………………………………………………

……………………………………………………………

……………………………………………………………

……………………………………………………………

四、填写数控加工工序卡

数控加工工序卡

<table>
<tr><td colspan="3">产品名称或代号</td><td colspan="2">零件名称</td><td colspan="1">材料</td><td colspan="2">零件图号</td></tr>
<tr><td colspan="3"></td><td colspan="2"></td><td></td><td colspan="2"></td></tr>
<tr><td rowspan="2">工序号</td><td>程序编号</td><td>夹具编号</td><td colspan="2">设备</td><td colspan="2">车间</td><td rowspan="2">备注</td></tr>
<tr><td></td><td></td><td colspan="2"></td><td colspan="2"></td></tr>
<tr><td>工步号</td><td>工步内容</td><td>刀具号</td><td>刀具
规格</td><td>主轴转速</td><td>进给
速度</td><td>背吃
刀量</td><td></td></tr>
<tr><td>1</td><td></td><td></td><td></td><td></td><td></td><td></td><td></td></tr>
<tr><td>2</td><td></td><td></td><td></td><td></td><td></td><td></td><td></td></tr>
<tr><td>3</td><td></td><td></td><td></td><td></td><td></td><td></td><td></td></tr>
<tr><td>4</td><td></td><td></td><td></td><td></td><td></td><td></td><td></td></tr>
<tr><td>编制</td><td></td><td>审核</td><td></td><td>批注</td><td></td><td>共　页
第　页</td><td></td></tr>
</table>

［总结］

（1）G71、G92 格式及含义……………………………………………………

……………………………………………………………………………………

……………………………………………………………………………………

……………………………………………………………………………………

（2）G71、G92 走刀路径……………………………………………………

……………………………………………………………………………………

……………………………………………………………………………………

……………………………………………………………………………………

（3）G71、G92 加工对象及作用………………………………………………

……………………………………………………………………………………

……………………………………………………………………………………

（4）数值计算……………………………………………………………………

……………………………………………………………………………………

……………………………………………………………………………………

……………………………………………………………………………………

五、编写加工程序单

加工程序单

程　　序	说　　明

[注]

六、程序校验、试切

七、自动运行加工

八、检查

项目实习心得

实习实训指导老师评阅意见

［评语］

［成绩］

指导老师签名__________　　年　　月　　日

评 分 表

项目	序号	考核内容	要求	配分		评分标准	得分
				IT	Ra		
外圆	1	$\phi 20 \pm 0.02$	Ra1.6	5	5	超差不得分	
	2	$\phi 24_{0}^{+0.03}$	Ra1.6	5	5	超差不得分	
	3	$\phi 15 \pm 0.02$	Ra1.6	5	5	超差不得分	
长度	4	10 ± 0.03		5		超差不得分	
	5	60 ± 0.03		5		超差不得分	
螺纹	6	M18×1.5		5		不合格不得分	
沟槽	7	$\phi 16 \pm 0.03$		5		不合格不得分	
圆弧	8	$R3$		5		不合格不得分	
	9	$R4$		5		不合格不得分	
圆锥	10	$20° \pm 2'$		5			
形位公差	11	同轴度		6			
倒角	12	4处		4		少1处扣1分	
工艺合理	13	工件定位、夹紧及刀具选择合理		5		酌情扣分	
	14	加工顺序及刀具轨迹路线合理		5		酌情扣分	
安全文明生产	15	遵守机床安全操作规程		5		酌情扣分	
	16	工、量、刃具放置规范		5		酌情扣分	
	17	设备保养、场地整洁		5		酌情扣分	

项目十二　内阶梯孔加工

实训指导

实训目的

1. 在教师的指导下完成阶梯孔的加工。
2. 掌握加工孔时刀具的选择方法、对刀方法、磨耗的输入及测量方法、切削用量的选取方法。

实训要求

严格遵守安全操作规程，按照老师要求的步骤操作。

实训器材

本实训项目所需的主要设备、材料包括：FANUC 系统数控车床、ø45 mm 毛坯、外圆刀、内孔车刀、麻花钻、游标卡尺、内径千分尺，应提前做好准备。

相关知识点分析

一、相关指令

(1) G90 指令加工内阶梯孔时的格式。
(2) 各个代码的含义。
(3) 循环点的选择。

二、相关工艺

1. 切削用量三要素的选择

粗加工和精加工时切削用量三要素应合理选择。

2. 刀具的选择

(1) 麻花钻的选择。
(2) 镗刀的选择。
① 通孔车刀。
② 盲孔车刀。
③ 刀杆的长度对加工的影响。

3. 加工顺序的确定

(1) 钻孔。
(2) 镗孔。
(3) 精度要求高的还要进行铰孔。

4. 测量内阶梯孔时量具的选择

(1) 内卡尺。
(2) 内径千分尺。
(3) 内径百分表。

三、主要操作步骤

(1) 启动数控车床,系统上电。
(2) 回参考点。
(3) 装夹刀具和毛坯。
(4) 根据零件图编写程序。
(5) 进行模拟检验。
(6) 对刀并检验。
(7) 自动加工。
(8) 测量工件是否合格。
(9) 清扫及保养机床,打扫卫生。
(10) 填写实验报告。

实训注意事项

1. 要在指定的时间和地点完成本项目的实训操作,并按要求填写实训报告,按时呈报指导教师。

2. 要严格执行《实训车间安全操作规程》《数控车床文明生产规定》和《数控车床基本操作规程》。

3. 本项目实训中应特别注意以下几点:

孔的加工与轴类加工的不同,主要体现在所使用的刀具几何形状、强度都受到孔的尺寸以及程序不同的限制。另外,编程人员还应在以下几方面注意加工阶梯孔与加工阶梯轴的区别:

(1) 刀具的选择受到孔径大小的限制,选择刀具时应在满足加工孔的条件下尽可能提高刀具的强度,磨出过渡刃。

(2) 编程人员应考虑刀具停刀点、退刀点、刀杆长度和换刀位置对加工的影响,否则退刀位置过小转换刀具时必然撞刀。

(3) 加工内轮廓的磨耗输入方法与加工外轮廓有所区别，外轮廓输入正值时内轮廓应输入负值。

(4) 加工孔的切削用量与加工轴的切削用量也有所不同，由于受刀具及刀体强度的限制，一般都要小于外轮廓加工的切削用量。

(5) 加工内阶梯孔时，刀具安装应使刀尖略高于工件旋转中心 0.5～1 mm。

(6) 加工孔时，应考虑排屑和散热问题，尽可能使用冷却液进行散热，避免因膨胀而造成测量错误。

(7) 内轮廓车刀安装时，刀杆应平行于横向导轨安装，检查刀具后角是否碍事。

(8) 毛坯需要钻孔时，要考虑孔的余量，一般为精加工预留 1 mm 余量，加工较大的孔时，选取钻头要依照从小到大的原则进行扩孔。

(9) 加工精度较高的孔时，应采用先打中心孔，再钻孔，然后再镗孔的方法。加工的孔径较小时，刀具无法进行镗削，应采用带一定公差等级的绞刀进行绞孔，这时为绞孔预留的加工余量不要太大，一般余量在 0.1～0.3 mm，主轴转速与走刀速度也要选择小些，否则尺寸精度难以保证。

(10) 换刀时应注意不要让刀撞到工件、卡盘、尾座或换刀电机。

1. 在调头车削内阶梯孔时，可以以内阶梯孔为基准使用________来保证同轴度。

2. 在加工内阶梯孔时要注意哪些问题？如何保证加工精度？

3. 在加工内阶梯孔时如何保证同轴度要求？需要哪些工具？如何使用？

4. 在加工内阶梯孔时对车刀的要求有哪些？

5. 试述在加工内阶梯孔时产生震纹的原因有哪些。

实 训 报 告

任务描述

加工图示零件,材料为 45♯钢,毛坯尺寸为 ø45 mm×47 mm。要求:进行零件图分析,确定加工工艺,填写数控加工刀具卡、工序卡,编写加工程序单,加工零件并检测。

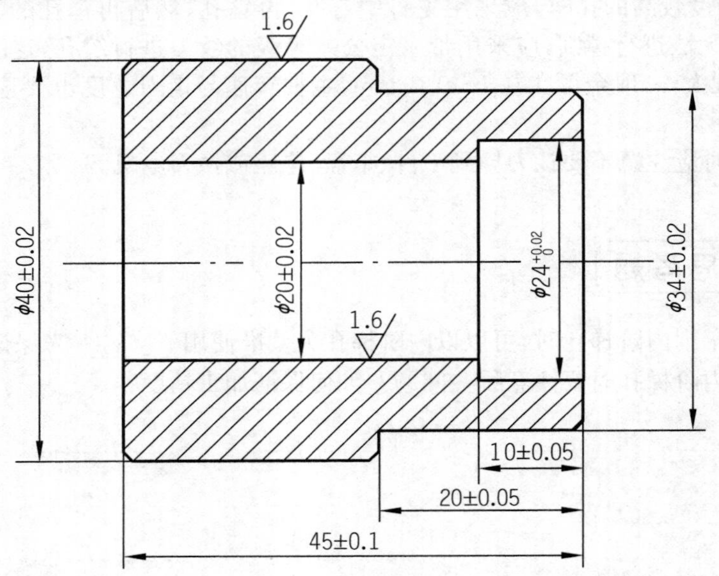

技术要求:
1. 未注倒角 *C*1。
2. 不允许使用砂布抛光。

工作过程

一、零件图分析

1. 形状分析

2. 尺寸精度分析

3. 形状精度分析

4. 表面粗糙度分析

[总结]

二、加工工艺分析

1. 确定加工方案

2. 确定装夹方案

三、填写数控加工刀具卡

数控加工刀具卡

<table>
<tr><td colspan="3">零件名称</td><td colspan="2">零件图号</td><td>程序编号</td><td colspan="2">使用设备</td></tr>
<tr><td colspan="3"></td><td colspan="2"></td><td></td><td colspan="2"></td></tr>
<tr><td rowspan="2">序号</td><td rowspan="2">刀具号</td><td rowspan="2">刀具规格名称</td><td colspan="2">刀具型号</td><td rowspan="2">刀尖半径</td><td rowspan="2">加工表面</td><td rowspan="2">备注</td></tr>
<tr><td>刀体</td><td>刀片</td></tr>
<tr><td>1</td><td></td><td></td><td></td><td></td><td></td><td></td><td></td></tr>
<tr><td>2</td><td></td><td></td><td></td><td></td><td></td><td></td><td></td></tr>
<tr><td>3</td><td></td><td></td><td></td><td></td><td></td><td></td><td></td></tr>
<tr><td>4</td><td></td><td></td><td></td><td></td><td></td><td></td><td></td></tr>
<tr><td>编制</td><td></td><td>审核</td><td colspan="2"></td><td>批注</td><td></td><td>共　页
第　页</td></tr>
</table>

[总结]

....

....

....

....

四、填写数控加工工序卡

数控加工工序卡

<table>
<tr><td colspan="4">产品名称或代号</td><td colspan="2">零件名称</td><td>材料</td><td colspan="2">零件图号</td></tr>
<tr><td colspan="4"></td><td colspan="2"></td><td></td><td colspan="2"></td></tr>
<tr><td rowspan="2">工序号</td><td>程序编号</td><td>夹具编号</td><td colspan="3">设备</td><td colspan="2">车间</td><td rowspan="2">备注</td></tr>
<tr><td></td><td></td><td colspan="3"></td><td colspan="2"></td></tr>
<tr><td>工步号</td><td>工步内容</td><td>刀具号</td><td>刀具规格</td><td>主轴转速</td><td>进给速度</td><td colspan="2">背吃刀量</td><td></td></tr>
<tr><td>1</td><td></td><td></td><td></td><td></td><td></td><td colspan="2"></td><td></td></tr>
<tr><td>2</td><td></td><td></td><td></td><td></td><td></td><td colspan="2"></td><td></td></tr>
<tr><td>3</td><td></td><td></td><td></td><td></td><td></td><td colspan="2"></td><td></td></tr>
<tr><td>4</td><td></td><td></td><td></td><td></td><td></td><td colspan="2"></td><td></td></tr>
<tr><td>编制</td><td></td><td>审核</td><td></td><td>批注</td><td></td><td colspan="2">共　页
第　页</td><td></td></tr>
</table>

[总结]

(1) G90 加工内阶梯孔的格式及含义

(2) G90 加工内阶梯孔的走刀路径

(3) G90 加工对象及作用

(4) 数值计算

五、编写加工程序单

加工程序单

程　　序	说　　明

[注]

六、程序校验、试切

七、自动运行加工

八、检查

项目实习心得

实习实训指导老师评阅意见

[评语]

[成绩]

指导老师签名__________　　年　　月　　日

评　分　表

项目	序号	考核内容	要求	配分		评分标准	得分
				IT	*Ra*		
外圆	1	$\phi 40 \pm 0.02$	*Ra*1.6	5	5	超差不得分	
	2	$\phi 34 \pm 0.02$		10		超差不得分	
内孔	3	$\phi 24_{0}^{+0.02}$		10		超差不得分	
	4	$\phi 20 \pm 0.02$	*Ra*1.6	5	5	超差不得分	
长度	5	10 ± 0.05		5		超差不得分	
	6	20 ± 0.05		8		超差不得分	
	7	45 ± 0.1		10		超差不得分	
倒角	8	6 处		12		少 1 处扣 2 分	
工艺合理	9	工件定位、夹紧及刀具选择合理		5		酌情扣分	
	10	加工顺序及刀具轨迹路线合理		5		酌情扣分	
安全文明生产	11	遵守机床安全操作规程		5		酌情扣分	
	12	工、量、刃具放置规范		5		酌情扣分	
	13	设备保养、场地整洁		5		酌情扣分	

项目十三　内螺纹加工

实训指导

实训目的

1. 在教师的指导下完成内螺纹的编程与加工。
2. 熟悉内螺纹加工与外螺纹加工的不同特点。
3. 掌握内螺纹刀的对刀方法。

实训要求

严格遵守安全操作规程，按照老师要求的步骤操作。

实训器材

本实训项目所需的主要设备、材料包括：FANUC 系统数控车床、ø50 mm 毛坯、外圆刀、内孔车刀、内螺纹刀、麻花钻、游标卡尺、千分尺、螺纹塞规，应提前做好准备。

相关知识点分析

一、相关指令

(1) G92 指令加工内螺纹时的格式。
(2) 各个代码的含义。
(3) 循环点的选择。

二、相关工艺

1. 切削用量三要素的选择

粗加工和精加工时切削用量三要素应合理选择。

2. 内螺纹刀的选择

(1) 台阶孔内螺纹车刀的选择。

(2) 直通孔内螺纹车刀的选择。

(3) 盲孔内螺纹车刀的选择。

3. 工序的安排

(1) 钻孔。

(2) 镗孔至小径尺寸。

(3) 加工内螺纹。

4. 内螺纹的检测

螺纹塞规的使用方法。

三、主要操作步骤

(1) 启动数控车床,系统上电。

(2) 回参考点。

(3) 装夹刀具和毛坯。

(4) 根据零件图编写程序。

(5) 进行模拟检验。

(6) 对刀并检验。

(7) 自动加工。

(8) 测量工件是否合格。

(9) 清扫及保养机床,打扫卫生。

(10) 填写实验报告。

实训注意事项

1. 要在指定的时间和地点完成本项目的实训操作,并按要求填写实训报告,按时呈报指导教师。

2. 要严格执行《实训车间安全操作规程》《数控车床文明生产规定》和《数控车床基本操作规程》。

3. 本项目实训中应特别注意以下几点:

(1) 加工内螺纹时要考虑刀具的强度,否则由于刀体强度不够容易产生让刀现象。

(2) 加工内螺纹之前,先将刀具对正工件中心,刀具过高或过低都会对加工精度有影响。

(3) 内螺纹的尺寸精度要用螺纹塞规去测量,通端旋入、止端停止时为合格。

(4) 编程时螺纹的起刀位置一定大于螺纹端面,这样引刀时不容易乱扣。

(5) 加工螺纹时进给倍率不起作用,不能停止进给切削。

(6) 加工内螺纹之前,钻头直径选择要恰当,钻孔后要进行镗孔,最后换刀后才能加工螺纹。

(7) 装刀时要用螺纹样板校正，避免发生螺纹倒牙现象。

(8) 以直进法加工螺纹易使刀尖产生积屑瘤，应以冷却液冷却，及时将积屑瘤除去，否则容易导致崩牙破裂。

(9) 内螺纹小径值＝大径值$-0.6495\times 2\times P$(P 为螺纹螺距)。

(10) 若内螺纹尺寸太小，无法用车刀车削时应先钻孔至小径尺寸，再用丝锥加工内螺纹。

实训思考题

1. 在车床上钻孔时，钻出的孔径偏大的主要原因是钻头的________。

2. 如何保证内螺纹的加工精度？怎么测量？

3. 如何加工双头螺纹？试举例说明。

4. 内螺纹加工过程中，刀具的安装要注意哪些问题？能不能一次把所有刀具安装完进行一次加工？

5. 如何保证内孔的加工精度？

6. 如何消除螺纹加工时的毛刺?

实 训 报 告

任务描述

加工图示零件,材料为 45＃钢,毛坯尺寸为 ø50 mm×52 mm。要求:进行零件图分析,确定加工工艺,填写数控加工刀具卡、工序卡,编写加工程序单,加工零件并检测。

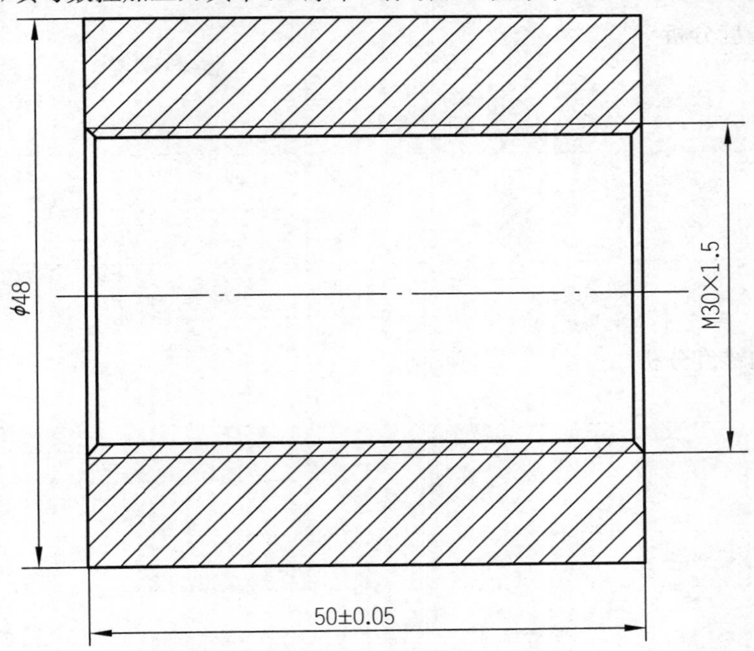

技术要求:

1. 未注倒角 $C1$。
2. 不允许使用砂布抛光。

工作过程

一、零件图分析

1. 形状分析

2. 尺寸精度分析

3. 形状精度分析

4. 表面粗糙度分析

［总结］

二、加工工艺分析

1. 确定加工方案

2. 确定装夹方案

三、填写数控加工刀具卡

数控加工刀具卡

零件名称			零件图号		程序编号	使用设备	
序号	刀具号	刀具规格名称	刀具型号		刀尖半径	加工表面	备注
			刀体	刀片			
1							
2							
3							
4							
编制		审核			批注		共　页 第　页

[总结]

四、填写数控加工工序卡

数控加工工序卡

产品名称或代号			零件名称		材料	零件图号	
工序号	程序编号	夹具编号	设备		车间		备注
工步号	工步内容	刀具号	刀具规格	主轴转速	进给速度	背吃刀量	
1							
2							
3							
4							
编制		审核		批注		共　页 第　页	

［总结］

（1）G92 加工内螺纹的格式及含义

（2）G92 加工内螺纹的走刀路径

（3）G92 加工对象及作用

（4）数值计算

五、编写加工程序单

加工程序单

程　　序	说　　明

[注]

六、程序校验、试切

七、自动运行加工

八、检查

项目实习心得

<u>实习实训指导老师评阅意见</u>

[评语]

[成绩]

指导老师签名＿＿＿＿＿　　年　　月　　日

评　分　表

项目	序号	考核内容	要求	配分		评分标准	得分
				IT	*Ra*		
外圆	1	ø48		10		超差不得分	
螺纹	2	M30×1.5		20		不合格不得分	
长度	3	50±0.05		10		超差不得分	
倒角	4	4处		10		少1处扣2.5分	
工艺合理	5	工件定位、夹紧及刀具选择合理		10		酌情扣分	
	6	加工顺序及刀具轨迹路线合理		10		酌情扣分	
安全文明生产	7	遵守机床安全操作规程		10		酌情扣分	
	8	工、量、刃具放置规范		10		酌情扣分	
	9	设备保养、场地整洁		10		酌情扣分	

项目十四　内轮廓加工

实 训 指 导

实训目的

1. 在教师的指导下完成内轮廓的编程与加工。
2. 熟悉内轮廓与外轮廓加工的不同特点。
3. 熟练利用刀具磨损补偿来控制内轮廓面加工的尺寸与精度。

实训要求

严格遵守安全操作规程，按照老师要求的步骤操作。

实训器材

本实训项目所需的主要设备、材料包括：FANUC 系统数控车床、ø50 mm 毛坯、外圆刀、内孔车刀、内螺纹刀、麻花钻、游标卡尺、内径千分尺、螺纹塞规，应提前做好准备。

相关知识点分析

一、相关指令

(1) G71、G72、G73 指令加工内轮廓时的格式。
(2) 各个代码的含义。
(3) 循环点的选择。
(4) 走刀路线。

二、相关工艺

1. 切削用量三要素的选择

粗加工和精加工时切削用量三要素应合理选择。

2. 工序的安排

(1) 钻孔。
(2) 先粗镗,再精镗。
(3) 加工内螺纹。

3. 精度的控制

(1) 通过磨耗来控制,注意与外轮廓补磨耗的区别。
(2) 通过修改程序来控制精度。
(3) 通过提高对刀精度来提高加工精度。

4. 内轮廓的检测工具

(1) 内卡尺。
(2) 内径千分尺。
(3) 内径百分表。
(4) 螺纹塞规。

三、主要操作步骤

(1) 启动数控车床,系统上电。
(2) 回参考点。
(3) 装夹刀具和毛坯。
(4) 根据零件图编写程序。
(5) 进行模拟检验。
(6) 对刀并检验。
(7) 自动加工。
(8) 测量工件是否合格。
(9) 清扫及保养机床,打扫卫生。
(10) 填写实验报告。

实训注意事项

1. 要在指定的时间和地点完成本项目的实训操作,并按要求填写实训报告,按时呈报指导教师。

2. 要严格执行《实训车间安全操作规程》《数控车床文明生产规定》和《数控车床基本操作规程》。

3. 本项目实训中应特别注意以下几点：

(1) 使用G71、G72、G73时必须了解指令格式及其含义，并知道哪些值作半径编程，哪些值作直径编程。

(2) 粗加工点的位置应与精加工点的位置重合。

(3) 使用G71、G72、G73给精加工留余量时，加工零件外圆时U值一般为正值，加工孔类零件时为负值。W一般取0，且不能省略，防止精加工时断刀。

1. 车削内孔时，为提高镗刀的刚性，可采用________措施。

2. 车削薄壁类工件时，保证加工精度的措施有哪些？

3. 如何在编程时保证加工精度？

4. 为何要进行首件试切？

5. 试述使用内径百分表测量内孔的全过程。

6. 如何保证内孔和外圆的同轴度？

实训报告

任务描述

加工图示零件，材料为45＃钢，毛坯尺寸为ø50 mm×55 mm。要求：进行零件图分析，确定加工工艺，填写数控加工刀具卡、工序卡，编写加工程序单，加工零件并检测。

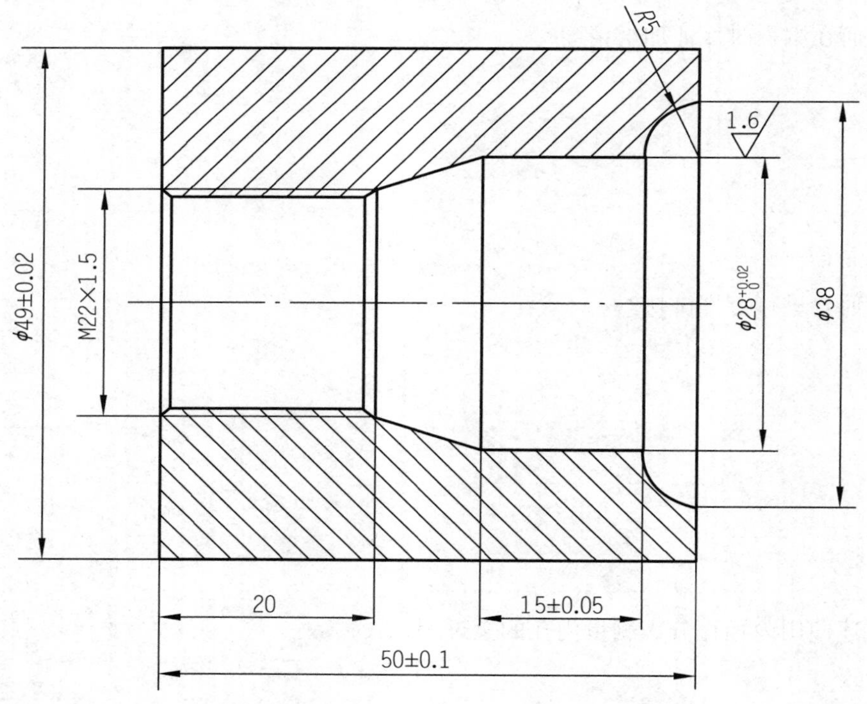

技术要求：

1. 未注倒角 $C1$。
2. 不允许使用砂布抛光。

工作过程

一、零件图分析

1. 形状分析

2. 尺寸精度分析

3. 形状精度分析

4. 表面粗糙度分析

［总结］

二、加工工艺分析

1. 确定加工方案

2. 确定装夹方案

三、填写数控加工刀具卡

数控加工刀具卡

<table>
<tr><td colspan="3">零件名称</td><td colspan="2">零件图号</td><td>程序编号</td><td colspan="2">使用设备</td></tr>
<tr><td colspan="3"></td><td colspan="2"></td><td></td><td colspan="2"></td></tr>
<tr><td rowspan="2">序号</td><td rowspan="2">刀具号</td><td rowspan="2">刀具规格名称</td><td colspan="2">刀具型号</td><td rowspan="2">刀尖半径</td><td rowspan="2">加工表面</td><td rowspan="2">备注</td></tr>
<tr><td>刀体</td><td>刀片</td></tr>
<tr><td>1</td><td></td><td></td><td></td><td></td><td></td><td></td><td></td></tr>
<tr><td>2</td><td></td><td></td><td></td><td></td><td></td><td></td><td></td></tr>
<tr><td>3</td><td></td><td></td><td></td><td></td><td></td><td></td><td></td></tr>
<tr><td>4</td><td></td><td></td><td></td><td></td><td></td><td></td><td></td></tr>
<tr><td>编制</td><td></td><td>审核</td><td colspan="2"></td><td>批注</td><td></td><td>共 页
第 页</td></tr>
</table>

[总结]

四、填写数控加工工序卡

数控加工工序卡

<table>
<tr><td colspan="3">产品名称或代号</td><td colspan="2">零件名称</td><td colspan="2">材料</td><td colspan="2">零件图号</td></tr>
<tr><td colspan="3"></td><td colspan="2"></td><td colspan="2"></td><td colspan="2"></td></tr>
<tr><td rowspan="2">工序号</td><td>程序编号</td><td>夹具编号</td><td colspan="3">设备</td><td colspan="2">车间</td><td rowspan="2">备注</td></tr>
<tr><td></td><td></td><td colspan="3"></td><td colspan="2"></td></tr>
<tr><td>工步号</td><td>工步内容</td><td>刀具号</td><td>刀具规格</td><td colspan="2">主轴转速</td><td>进给速度</td><td>背吃刀量</td><td></td></tr>
<tr><td>1</td><td></td><td></td><td></td><td colspan="2"></td><td></td><td></td><td></td></tr>
<tr><td>2</td><td></td><td></td><td></td><td colspan="2"></td><td></td><td></td><td></td></tr>
<tr><td>3</td><td></td><td></td><td></td><td colspan="2"></td><td></td><td></td><td></td></tr>
<tr><td>4</td><td></td><td></td><td></td><td colspan="2"></td><td></td><td></td><td></td></tr>
<tr><td>编制</td><td></td><td>审核</td><td></td><td colspan="2">批注</td><td></td><td>共　页
第　页</td><td></td></tr>
</table>

[总结]

(1) G71、G72、G73 加工内轮廓的格式及含义……………………………………

……………………………………………………………………………………

……………………………………………………………………………………

……………………………………………………………………………………

(2) G71、G72、G73 加工内轮廓的走刀路径……………………………………

……………………………………………………………………………………

……………………………………………………………………………………

……………………………………………………………………………………

(3) G71、G72、G73 加工对象及作用……………………………………………

……………………………………………………………………………………

……………………………………………………………………………………

……………………………………………………………………………………

(4) 数值计算……………………………………………………………………

……………………………………………………………………………………

……………………………………………………………………………………

五、编写加工程序单

加工程序单

程　　序	说　　明

[注]

六、程序校验、试切

七、自动运行加工

八、检查

项目实习心得

实习实训指导老师评阅意见

[评语]

[成绩]

指导老师签名＿＿＿＿＿＿　年　月　日

评　分　表

项目	序号	考核内容	要求	配分		评分标准	得分
				IT	*Ra*		
外圆	1	ø49±0.02		10		超差不得分	
内孔	2	$ø28_{0}^{+0.02}$	*Ra*1.6	5	5	超差不得分	
螺纹	3	M22×1.5		10		不合格 不得分	
长度	4	15±0.05		10		超差不得分	
	5	50±0.1		10		超差不得分	
倒角	6	2处		10		少1处 扣5分	
圆弧	7	*R*5		5		不合格 不得分	
圆锥	8	锥面		5		不合格 不得分	
工艺合理	9	工件定位、夹紧及刀具选择合理		5		酌情扣分	
	10	加工顺序及刀具轨迹路线合理		5		酌情扣分	
安全文明生产	11	遵守机床安全操作规程		10		酌情扣分	
	12	工、量、刃具放置规范		5		酌情扣分	
	13	设备保养、场地整洁		5		酌情扣分	

项目十五　椭圆加工

实训指导

实训目的

1. 在教师的指导下完成椭圆的编程与加工。
2. 掌握部分椭圆的车削加工方法。
3. 熟练利用宏程序来控制椭圆加工的尺寸与精度。

实训要求

严格遵守安全操作规程，按照老师要求的步骤操作。

实训器材

本实训项目所需的主要设备、材料包括：FANUC 系统数控车床、ø45 mm 毛坯、外圆刀、游标卡尺、千分尺，应提前做好准备。

相关知识点分析

一、相关指令

(1) 宏程序指令格式。
(2) 指令中代码的含义。
(3) 循环点的选择。
(4) IF 和 WHILE 循环的使用方法。

二、作为固定循环进行仿形加工

(1) 切削用量三要素的选择:粗加工和精加工时切削用量三要素应合理选择。
(2) 起刀点的计算。
(3) 宏程序的写法。
(4) 精加工时宏程序的调用方法。
(5) 宏程序的独立使用。
(6) 宏程序的嵌套。

三、主要操作步骤

(1) 启动数控车床,系统上电。
(2) 回参考点。
(3) 装夹刀具和毛坯。
(4) 根据零件图编写程序。
(5) 进行模拟检验。
(6) 对刀并检验。
(7) 自动加工。
(8) 测量工件是否合格。
(9) 清扫及保养机床,打扫卫生。
(10) 填写实验报告。

实训注意事项

1. 要在指定的时间和地点完成本项目的实训操作,并按要求填写实训报告,按时呈报指导教师。

2. 要严格执行《实训车间安全操作规程》《数控车床文明生产规定》和《数控车床基本操作规程》。

3. 本项目实训中应特别注意以下几点:
(1) 使用宏程序时必须了解指令格式及其含义,并知道循环的步骤。
(2) 进行椭圆加工时,首先应掌握椭圆的标准方程。
(3) 在指令精加工程序段位置时,程序段号不能与其他精加工程序段号一致。
(4) 编程时注意椭圆长半轴和短半轴与车床上 X、Z 轴的对应关系。
(5) 注意凸椭圆与凹椭圆在编程时的区别。
(6) 注意退刀点的设置,以免刀具与工件相撞。

实训思考题

1. 数控车床有几种插补指令?

2. 加工椭圆时,保证加工精度的措施有哪些?

3. 如何在编程时保证加工精度?

实训报告

任务描述

加工图示零件,材料为45#钢,毛坯尺寸为ø45 mm×72 mm。要求:进行零件图分析,确定加工工艺,填写数控加工刀具卡、工序卡,编写加工程序单,加工零件并检测。

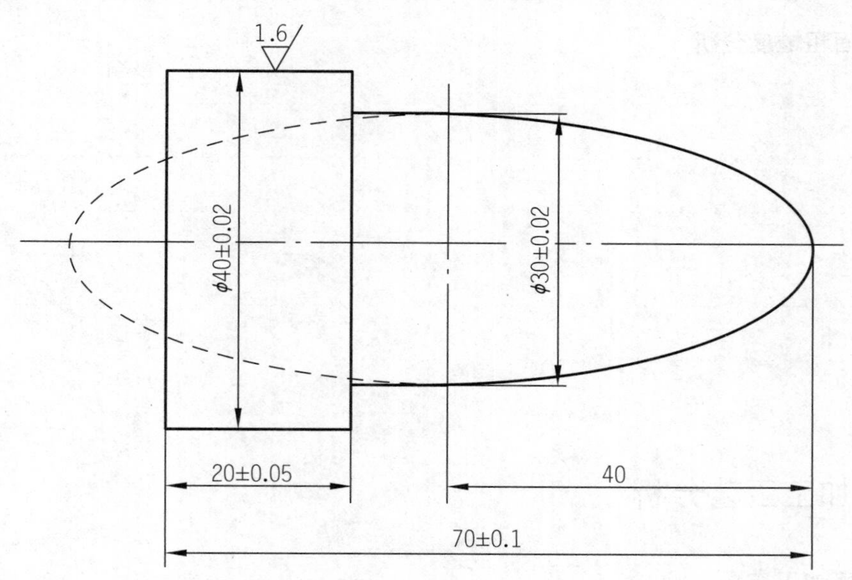

技术要求：

1. 未注倒角 $C1$。
2. 不允许使用砂布抛光。

工作过程

一、零件图分析

1. 形状分析

……

2. 尺寸精度分析

……

3. 形状精度分析

……

4. 表面粗糙度分析

[总结]

二、加工工艺分析

1. 确定加工方案

2. 确定装夹方案

三、填写数控加工刀具卡

数控加工刀具卡

<table>
<tr><td colspan="3">零件名称</td><td colspan="2">零件图号</td><td>程序编号</td><td colspan="2">使用设备</td></tr>
<tr><td colspan="3"></td><td colspan="2"></td><td></td><td colspan="2"></td></tr>
<tr><td rowspan="2">序号</td><td rowspan="2">刀具号</td><td rowspan="2">刀具规格名称</td><td colspan="2">刀具型号</td><td rowspan="2">刀尖半径</td><td rowspan="2">加工表面</td><td rowspan="2">备注</td></tr>
<tr><td>刀体</td><td>刀片</td></tr>
<tr><td>1</td><td></td><td></td><td></td><td></td><td></td><td></td><td></td></tr>
<tr><td>2</td><td></td><td></td><td></td><td></td><td></td><td></td><td></td></tr>
<tr><td>3</td><td></td><td></td><td></td><td></td><td></td><td></td><td></td></tr>
<tr><td>4</td><td></td><td></td><td></td><td></td><td></td><td></td><td></td></tr>
<tr><td>编制</td><td></td><td>审核</td><td colspan="2"></td><td>批注</td><td></td><td>共　页
第　页</td></tr>
</table>

［总结］

....

....

....

....

四、填写数控加工工序卡

数控加工工序卡

<table>
<tr><td colspan="3">产品名称或代号</td><td colspan="2">零件名称</td><td>材料</td><td colspan="2">零件图号</td></tr>
<tr><td colspan="3"></td><td colspan="2"></td><td></td><td colspan="2"></td></tr>
<tr><td rowspan="2">工序号</td><td>程序编号</td><td>夹具编号</td><td colspan="2">设备</td><td colspan="2">车间</td><td rowspan="2">备注</td></tr>
<tr><td></td><td></td><td colspan="2"></td><td colspan="2"></td></tr>
<tr><td>工步号</td><td>工步内容</td><td>刀具号</td><td>刀具规格</td><td>主轴转速</td><td>进给速度</td><td>背吃刀量</td><td></td></tr>
<tr><td>1</td><td></td><td></td><td></td><td></td><td></td><td></td><td></td></tr>
<tr><td>2</td><td></td><td></td><td></td><td></td><td></td><td></td><td></td></tr>
<tr><td>3</td><td></td><td></td><td></td><td></td><td></td><td></td><td></td></tr>
<tr><td>4</td><td></td><td></td><td></td><td></td><td></td><td></td><td></td></tr>
<tr><td>编制</td><td></td><td>审核</td><td></td><td>批注</td><td></td><td>共　页
第　页</td><td></td></tr>
</table>

［总结］

（1）宏程序指令格式及含义 ....

....

....

....

（2）椭圆方程中变量及自变量的表示 ....

....

....

....

（3）数值计算 ....

....

....

五、编写加工程序单

加工程序单

程　序	说　明

[注]

六、程序校验、试切

七、自动运行加工

八、检查

项目实习心得

实习实训指导老师评阅意见

[评语]

[成绩]

指导老师签名__________ 年 月 日

评　分　表

项目	序号	考核内容	要求	配分		评分标准	得分
				IT	Ra		
外圆	1	ø40±0.02	Ra1.6	5	5	超差不得分	
	2	ø30±0.02		10		超差不得分	
长度	3	20±0.05		10		超差不得分	
	4	70±0.1		10		超差不得分	
倒角	5	2处		5		少1处 扣2.5分	
椭圆	6	形状		15		酌情扣分	
工艺合理	7	工件定位、夹紧及刀具选择合理		10		酌情扣分	
	8	加工顺序及刀具轨迹路线合理		10		酌情扣分	
安全文明生产	9	遵守机床安全操作规程		10		酌情扣分	
	10	工、量、刃具放置规范		5		酌情扣分	
	11	设备保养、场地整洁		5		酌情扣分	

项目十六　抛物线加工

实 训 指 导

实训目的

1. 在教师的指导下完成抛物线的编程与加工。
2. 掌握部分抛物线的车削加工方法。
3. 熟练利用宏程序来控制抛物线加工的尺寸与精度。

实训要求

严格遵守安全操作规程，按照老师要求的步骤操作。

实训器材

本实训项目所需的主要设备、材料包括：FANUC 系统数控车床、ø45 mm 毛坯、外圆刀、游标卡尺、千分尺，应提前做好准备。

相关知识点分析

一、相关指令

（1）宏程序指令格式。
（2）指令中代码的含义。
（3）循环点的选择。
（4）IF 和 WHILE 循环的使用方法。

二、作为固定循环进行仿形加工

(1) 切削用量三要素的选择:粗加工和精加工时切削用量三要素应合理选择。
(2) 起刀点的计算。
(3) 宏程序的写法。
(4) 精加工时宏程序的调用方法。
(5) 宏程序的独立使用。
(6) 宏程序的嵌套。

三、主要操作步骤

(1) 启动数控车床,系统上电。
(2) 回参考点。
(3) 装夹刀具和毛坯。
(4) 根据零件图编写程序。
(5) 进行模拟检验。
(6) 对刀并检验。
(7) 自动加工。
(8) 测量工件是否合格。
(9) 清扫及保养机床,打扫卫生。
(10) 填写实验报告。

实训注意事项

1. 要在指定的时间和地点完成本项目的实训操作,并按要求填写实训报告,按时呈报指导教师。

2. 要严格执行《实训车间安全操作规程》《数控车床文明生产规定》和《数控车床基本操作规程》。

3. 本项目实训中应特别注意以下几点:

(1) 使用宏程序时必须了解指令格式及其含义,并知道循环的步骤。
(2) 进行抛物线加工时,首先应掌握抛物线的标准方程。
(3) 编程时注意抛物线方程中各轴与车床上 X、Z 轴的对应关系。
(4) 注意各类型抛物线的开口方向。
(5) 注意退刀点的设置,以免刀具与工件相撞。

实训思考题

1. 数控车床有几种插补指令？

2. 加工抛物线时，保证加工精度的措施有哪些？

3. 如何在编程时保证加工精度？

实 训 报 告

任务描述

加工图示零件，材料为45＃钢，毛坯尺寸为ø45 mm×70 mm。要求：进行零件图分析，确定加工工艺，填写数控加工刀具卡、工序卡，编写加工程序单，加工零件并检测。

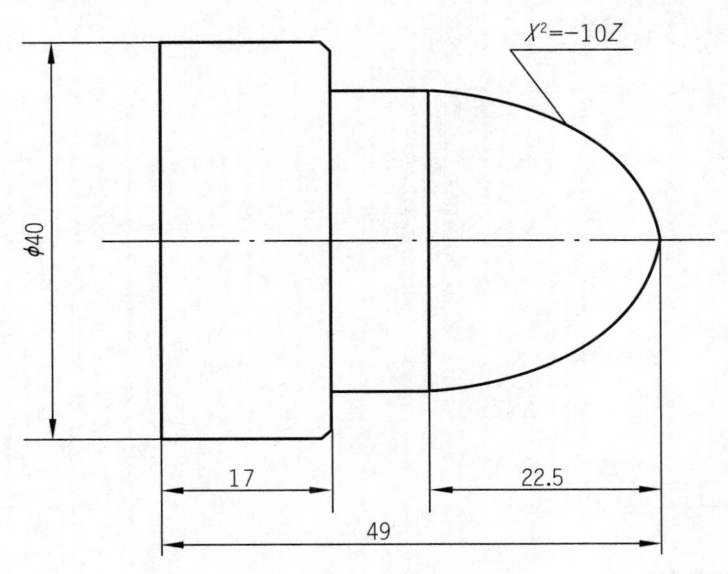

技术要求：

1. 未注倒角 $C1$。
2. 不允许使用砂布抛光。

工作过程

一、零件图分析

1. 形状分析

2. 尺寸精度分析

3. 形状精度分析

4. 表面粗糙度分析

［总结］

二、加工工艺分析

1. 确定加工方案

2. 确定装夹方案

三、填写数控加工刀具卡

数控加工刀具卡

<table>
<tr><td colspan="3">零件名称</td><td colspan="2">零件图号</td><td>程序编号</td><td colspan="2">使用设备</td></tr>
<tr><td colspan="3"></td><td colspan="2"></td><td></td><td colspan="2"></td></tr>
<tr><td rowspan="2">序号</td><td rowspan="2">刀具号</td><td rowspan="2">刀具规格名称</td><td colspan="2">刀具型号</td><td rowspan="2">刀尖半径</td><td rowspan="2">加工表面</td><td rowspan="2">备注</td></tr>
<tr><td>刀体</td><td>刀片</td></tr>
<tr><td>1</td><td></td><td></td><td></td><td></td><td></td><td></td><td></td></tr>
<tr><td>2</td><td></td><td></td><td></td><td></td><td></td><td></td><td></td></tr>
<tr><td>3</td><td></td><td></td><td></td><td></td><td></td><td></td><td></td></tr>
<tr><td>4</td><td></td><td></td><td></td><td></td><td></td><td></td><td></td></tr>
<tr><td>编制</td><td></td><td>审核</td><td colspan="2"></td><td>批注</td><td></td><td>共　页
第　页</td></tr>
</table>

[总结]

……………………………………………………………………………………

……………………………………………………………………………………

……………………………………………………………………………………

四、填写数控加工工序卡

数控加工工序卡

产品名称或代号			零件名称		材料	零件图号	
工序号	程序编号	夹具编号	设备		车间		备注
工步号	工步内容	刀具号	刀具规格	主轴转速	进给速度	背吃刀量	
1							
2							
3							
4							
编制		审核		批注		共　页 第　页	

[总结]

(1) 宏程序指令格式及含义……………………………………………………

……………………………………………………………………………………

……………………………………………………………………………………

……………………………………………………………………………………

(2) 抛物线方程中变量及自变量的表示……………………………………

……………………………………………………………………………………

……………………………………………………………………………………

……………………………………………………………………………………

(3) 数值计算……………………………………………………………………

……………………………………………………………………………………

……………………………………………………………………………………

五、编写加工程序单

加工程序单

程　　序	说　　明

[注]

六、程序校验、试切

七、自动运行加工

八、检查

项目实习心得

实习实训指导老师评阅意见

［评语］

［成绩］

指导老师签名＿＿＿＿＿＿　　年　　月　　日

评　分　表

项目	序号	考核内容	要求	配分		评分标准	得分
				IT	Ra		
外圆	1	ø40		10		超差不得分	
长度	2	17		10		超差不得分	
	3	49		10		超差不得分	
倒角	4	2处		10		少1处扣5分	
抛物线	5	形状		20		酌情扣分	
工艺合理	6	工件定位、夹紧及刀具选择合理		10		酌情扣分	
	7	加工顺序及刀具轨迹路线合理		10		酌情扣分	
安全文明生产	8	遵守机床安全操作规程		10		酌情扣分	
	9	工、量、刀具放置规范		5		酌情扣分	
	10	设备保养、场地整洁		5		酌情扣分	

项目十七　CAXA 数控车软件编程加工

实 训 指 导

实训目的

1. 熟悉 CAXA 数控车软件的基本操作。
2. 利用软件进行零件的几何建模。
3. 合理选择加工方案与加工参数。
4. 掌握刀具轨迹生成、仿真加工及后置处理的方法。
5. 在教师的指导下利用 CAXA 数控车软件完成复杂零件的加工。

实训要求

严格遵守安全操作规程，按照老师要求的步骤操作。

实训器材

本实训项目所需的主要设备、材料包括：数控车床、电脑(安装 CAXA 数控车软件，与机床连接正常)、毛坯、外圆刀、切槽刀、螺纹刀、镗刀、内螺纹刀、麻花钻、游标卡尺、千分尺、螺纹塞规，应提前做好准备。

相关知识点分析

一、零件造型及加工思路

(1) 分析图纸和制定工艺清单。
(2) 确定加工路线和装夹方法。
(3) 利用 CAXA 数控车软件绘制零件加工工艺图。
(4) 确定切削用量和刀具轨迹，合理设置机床参数，生成加工程序代码。

(5) 将加工程序传输到机床，调试机床和加工程序，进行车削加工。
(6) 加工零件检验。

二、加工误差分析

1. 尺寸不符合要求

(1) 尺寸公差计算错误。
(2) 测量不正确。
(3) 刀具磨损。
(4) 工件的热胀冷缩。

2. 表面产生锥度

(1) 刀具磨损。
(2) 刀柄刚性差，产生让刀现象。
(3) 床身导轨磨损。

3. 表面不光滑

(1) 刀具磨损。
(2) 切削用量选用不合理。

三、主要操作步骤

(1) 启动数控车床，系统上电。
(2) 完成机床准备工作。
(3) 分析图纸，制定工艺清单。
(4) 确定加工路线和装夹方法。
(5) 绘制零件加工工艺图。
(6) 生成加工程序代码，仿真校验。
(7) 装夹刀具和毛坯，对刀。
(8) 将程序传输到机床，调试机床和加工程序，进行车削加工。
(9) 测量工件是否合格。
(10) 清扫及保养机床，打扫卫生。
(11) 填写实验报告。

实训注意事项

1. 要在指定的时间和地点完成本项目的实训操作，并按要求填写实训报告，按时呈报指导教师。

2. 要严格执行《实训车间安全操作规程》《数控车床文明生产规定》和《数控车床基本操作规程》。

3. 本项目实训中应特别注意以下几点：

(1) 在加工前，首先要读懂图纸，分析加工零件各项要求，再从工艺清单中确定各项内容的具体要求，把零件的各尺寸和位置联系起来，初步确定加工路线。

(2) 按图纸、工艺清单的要求来确定加工路线。为保证零件的尺寸和位置精度要求，应选择适当的加工顺序和装夹方法。

(3) 绘制零件的轮廓循环车削加工工艺图时，将坐标系原点选在零件的右端面和中心轴线的交点上，绘出毛坯轮廓、零件实体和切断位置。

(4) 根据零件的工艺清单、工艺图和实际加工情况，确定切削用量和刀具轨迹，合理设置机床的参数，生成加工程序代码，特别注意程序中的刀位要与机床的刀位一致，否则会发生撞刀事故。

(5) 在程序加工中，零件加工的表面粗糙度也是重要的质量指标，只有在尺寸精度加工合格，同时其表面粗糙度也达到图纸要求时，才能算合格零件。所以，要保证零件的表面质量加工合格，应该采取以下措施：

① 工艺方面：数控车床所能达到的表面粗糙度一般在 *Ra*1.6～3.2。如果超过了 *Ra*1.6，应该在工艺上采取更为经济的磨削方法或者其他精加工技术措施。

② 刀具方面：要根据零件材料的牌号和切削性能正确选择刀具的类型牌号和几何参数，特别是前角、后角和修光刃对提高表面加工质量有很大的作用。

③ 切削用量方面：在零件精加工时切削用量的选择是否合理直接影响表面加工质量，特别是因为精加工余量已经很小，当精车达不到粗糙度要求时，再采取技术措施精车就有尺寸超差的危险，所以精车时选择较高的主轴转速和较小的进给量，能够提高表面粗糙度值。

实训思考题

1. 切削用量三要素是指__________、__________和__________。
2. 利用 CAXA 数控车软件绘制零件图时应注意哪些问题？

3. 简述 CAXA 数控车后置处理注意事项。

4. 软件自动编程加工过程中如何保证零件的精度？

5. 简述软件自动编程的优点。

6. CAXA 数控车软件编程时如何进行刀具补偿?

实 训 报 告

任务描述

加工图示零件，材料为 45＃钢，毛坯尺寸为 ø50 mm×120 mm。要求：进行零件图分析，确定加工工艺，填写数控加工刀具卡、工序卡，编写加工程序单，加工零件并检测。

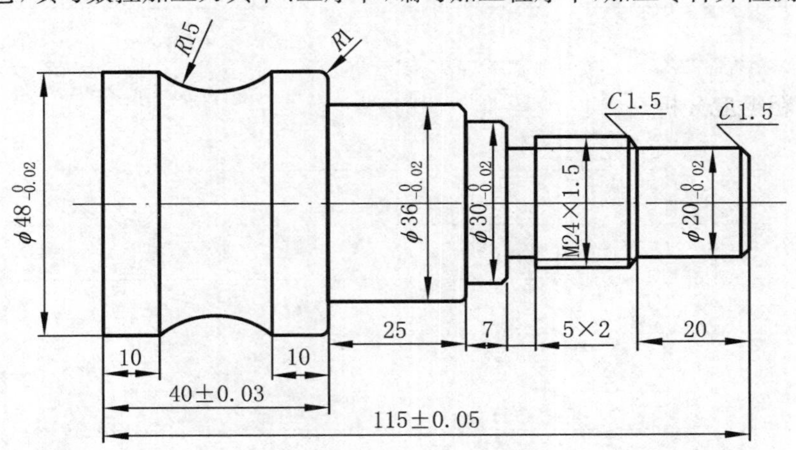

技术要求：

1. 未注倒角 $C1$。
2. 不允许使用砂布抛光。

工作过程

一、零件图分析

1. 形状分析

2. 尺寸精度分析

3. 形状精度分析

4. 表面粗糙度分析

［总结］

二、加工工艺分析

1. 确定加工方案

2. 确定装夹方案

三、填写数控加工刀具卡

数控加工刀具卡

零件名称			零件图号		程序编号	使用设备	
序号	刀具号	刀具规格名称	刀具型号		刀尖半径	加工表面	备注
			刀体	刀片			
1							
2							
3							
4							
编制		审核			批注		共　页 第　页

[总结]

四、填写数控加工工序卡

数控加工工序卡

<table>
<tr><td colspan="3">产品名称或代号</td><td colspan="2">零件名称</td><td>材料</td><td colspan="2">零件图号</td></tr>
<tr><td colspan="3"></td><td colspan="2"></td><td></td><td colspan="2"></td></tr>
<tr><td rowspan="2">工序号</td><td>程序编号</td><td>夹具编号</td><td colspan="2">设备</td><td colspan="2">车间</td><td rowspan="2">备注</td></tr>
<tr><td></td><td></td><td colspan="2"></td><td colspan="2"></td></tr>
<tr><td>工步号</td><td>工步内容</td><td>刀具号</td><td>刀具
规格</td><td>主轴转速</td><td>进给
速度</td><td>背吃
刀量</td><td></td></tr>
<tr><td>1</td><td></td><td></td><td></td><td></td><td></td><td></td><td></td></tr>
<tr><td>2</td><td></td><td></td><td></td><td></td><td></td><td></td><td></td></tr>
<tr><td>3</td><td></td><td></td><td></td><td></td><td></td><td></td><td></td></tr>
<tr><td>4</td><td></td><td></td><td></td><td></td><td></td><td></td><td></td></tr>
<tr><td>编制</td><td></td><td>审核</td><td></td><td>批注</td><td></td><td>共　页
第　页</td><td></td></tr>
</table>

[总结]

(1) CAXA 数控车软件绘图技巧……………………………………………………

……………………………………………………………………………………………

……………………………………………………………………………………………

……………………………………………………………………………………………

(2) CAXA 数控车后置处理技巧……………………………………………………

……………………………………………………………………………………………

……………………………………………………………………………………………

……………………………………………………………………………………………

(3) CAXA 数控车软件仿真技巧……………………………………………………

……………………………………………………………………………………………

……………………………………………………………………………………………

……………………………………………………………………………………………

(4) 数值计算……………………………………………………………………………

……………………………………………………………………………………………

……………………………………………………………………………………………

……………………………………………………………………………………………

五、编写加工程序单

加工程序单

程　　序	说　　明

[注]

六、程序校验、试切

七、自动运行加工

八、检查

项目实习心得

实习实训指导老师评阅意见

［评语］

［成绩］

指导老师签名__________　　年　　月　　日

评　分　表

项目	序号	考核内容	要求	配分		评分标准	得分
				IT	Ra		
外圆	1	$\phi 48^{0}_{-0.02}$		10		超差不得分	
	2	$\phi 36^{0}_{-0.02}$		5		超差不得分	
	3	$\phi 30^{0}_{-0.02}$		5		超差不得分	
	4	$\phi 20^{0}_{-0.02}$		5		超差不得分	
长度	5	25		5		超差不得分	
	6	40±0.03		5		超差不得分	
	7	115±0.05		5		超差不得分	
螺纹	8	M24×1.5		5		不合格不得分	
沟槽	9	5×2		10		不合格不得分	
圆弧	10	$R1$		5		不合格不得分	
	11	$R15$		5		不合格不得分	
倒角	12	5处		10		少1处扣2分	
工艺合理	13	工件定位、夹紧及刀具选择合理		5		酌情扣分	
	14	加工顺序及刀具轨迹路线合理		5		酌情扣分	
安全文明生产	15	遵守机床安全操作规程		5		酌情扣分	
	16	工、量、刃具放置规范		5		酌情扣分	
	17	设备保养、场地整洁		5		酌情扣分	

项目十八　综合练习

实训目的

1. 在教师的指导下完成中等复杂程度零件的加工。
2. 掌握内轮廓与外轮廓同时加工的方法、步骤。
3. 掌握工件的装夹及找正的方法。
4. 熟练利用刀具磨损补偿来控制零件的尺寸与精度。

实训要求

严格遵守安全操作规程,按照老师要求的步骤操作。

实训器材

本实训项目所需的主要设备、材料包括:数控车床、毛坯、外圆刀、切槽刀、螺纹刀、内孔刀、内螺纹刀、麻花钻、游标卡尺、千分尺、螺纹塞规,应提前做好准备。

相关知识点分析

一、编程中的精度控制

1. 零件的编程坐标必须正确且合理

(1) 在加工方案和走刀路线确定后,要计算和检查刀位点坐标值的正确性。

(2) 考虑加工中的切削因素引起的尺寸变化,在零件加工中由于某些切削因素会使已加工零件尺寸产生变化。

(3) 合理确定编程尺寸的公差。

2. 检测精度

零件程序精加工前必须检测重要表面尺寸的精度。

二、加工误差分析

1. 尺寸不符合要求

(1) 测量不正确。

(2) 产生积屑瘤,增加刀尖长度。

(3) 工件的热胀冷缩。

2. 表面产生锥度

(1) 刀具磨损。

(2) 刀柄刚性差,产生让刀现象。

(3) 床身导轨磨损。

3. 表面不光滑

(1) 刀具磨损。

(2) 切削用量选用不合理。

4. 内孔圆度超差

(1) 孔壁薄,装夹时产生变形。

(2) 轴承间隙过大,主轴颈呈椭圆。

(3) 工件加工余量和材料组织不均匀。

三、主要操作步骤

(1) 启动数控车床,系统上电。

(2) 回参考点。

(3) 装夹刀具和毛坯。

(4) 根据零件图编写程序。

(5) 进行模拟检验。

(6) 对刀并检验。

(7) 自动加工。

(8) 测量工件是否合格。

(9) 清扫及保养机床,打扫卫生。

(10) 填写实验报告。

实训注意事项

1. 要在指定的时间和地点完成本项目的实训操作,并按要求填写实训报告,按时呈报指导教师。

2. 要严格执行《实训车间安全操作规程》《数控车床文明生产规定》和《数控车床基本操作规程》。

3. 本项目实训中应特别注意以下几点：

(1) 在程序加工中，零件加工的表面粗糙度也是重要的质量指标，只有在尺寸精度加工合格，同时其表面粗糙度也达到图纸要求时，才能算合格零件。所以，要保证零件的表面质量加工合格，应该采取以下措施：

① 工艺方面：数控车床所能达到的表面粗糙度一般在 *Ra*0.8～1.6。如果超过了 *Ra*0.8，应该在工艺上采取更为经济的磨削方法或者其他精加工技术措施。

② 刀具方面：要根据零件材料的牌号和切削性能正确选择刀具的类型牌号和几何参数，特别是前角、后角和修光刃对提高表面加工质量有很大的作用。

③ 切削用量方面：在零件精加工时切削用量的选择是否合理直接影响表面加工质量，特别是因为精加工余量已经很小，当精车达不到粗糙度要求时，再采取技术措施精车就有尺寸超差的危险，所以精车时选择较高的主轴转速和较小的进给量，能够降低表面粗糙度值。

(2) 工件在装夹时若工件轴线与主轴轴线不重合，容易产生锥度误差。

(3) 加工时 Z 轴向精度很容易超差，要提高对刀精度，还可以通过磨耗来补偿。

(4) 使用指令时必须了解指令格式及其含义，并知道哪些值是半径值编程，哪些值是直径值编程。

(5) 粗加工点的位置应与精加工点的位置重合。

(6) 使用 G71 指令预留精加工余量时，加工外轮廓零件时 U 取正值，加工内轮廓零件时 U 取负值。W 一般取 0，且不能省略，防止精加工时断刀。

实 训 图 集

综合练习图 1

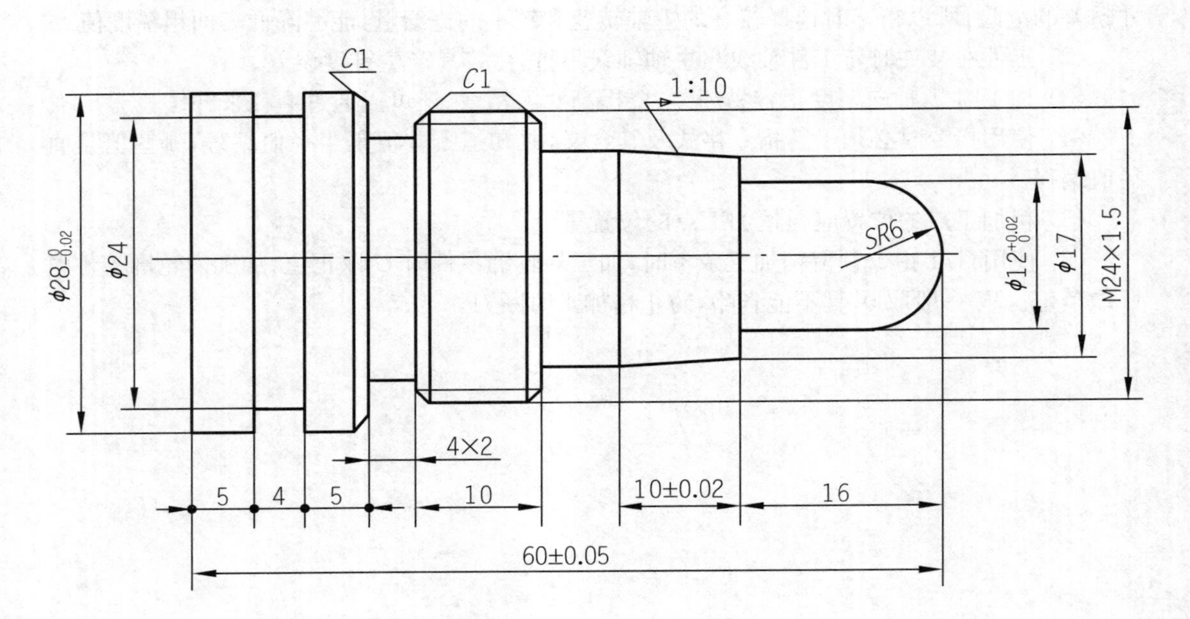

技术要求：

1. 未注倒角 C0.5。
2. 不允许使用砂布抛光。
3. 未注公差按 IT14 加工。

综合练习图 2

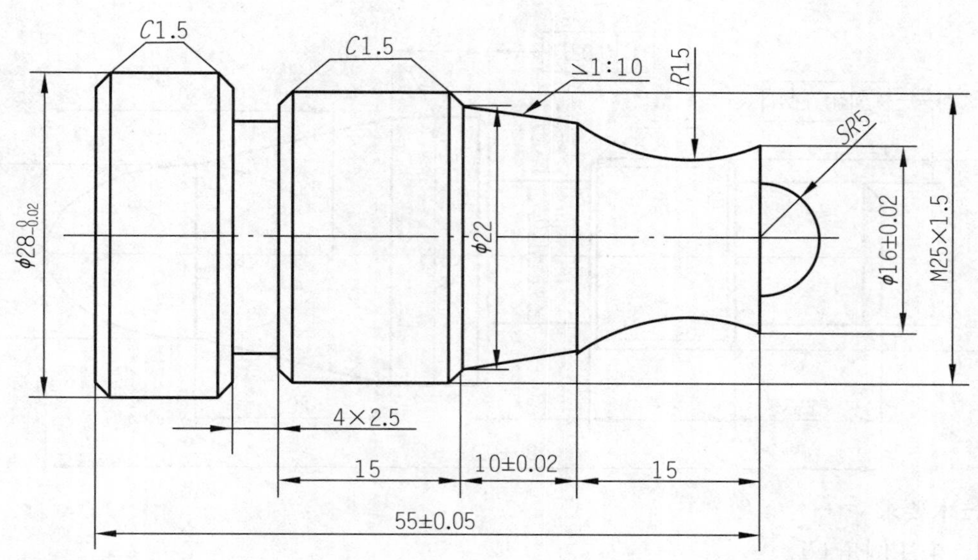

技术要求：

1. 未注倒角 C1。
2. 不允许使用锉刀抛光。
3. 未注公差按 GB/T 1804C 加工。

综合练习图 3

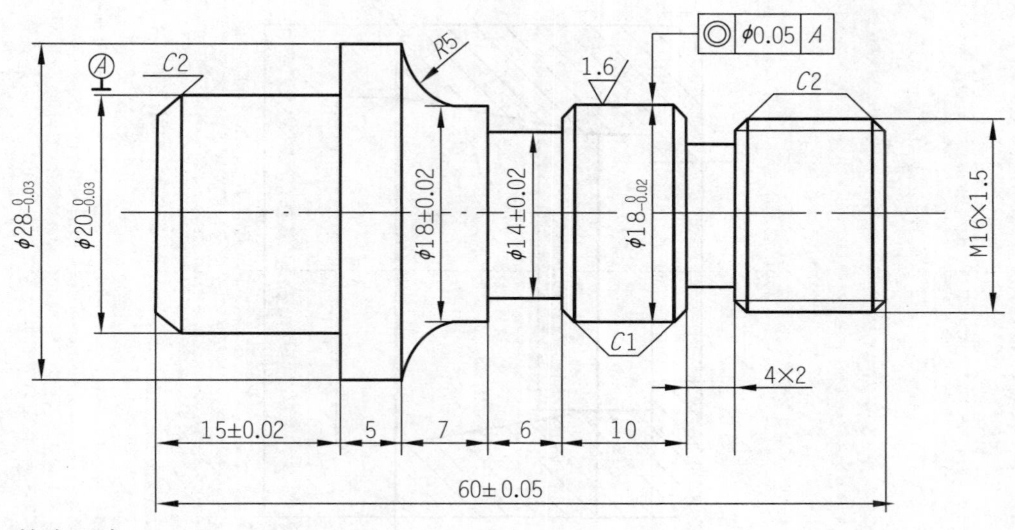

技术要求：

1. 未注倒角 C0.5。
2. 不允许使用锉刀抛光。
3. 未注公差按 IT14 加工。

综合练习图 4

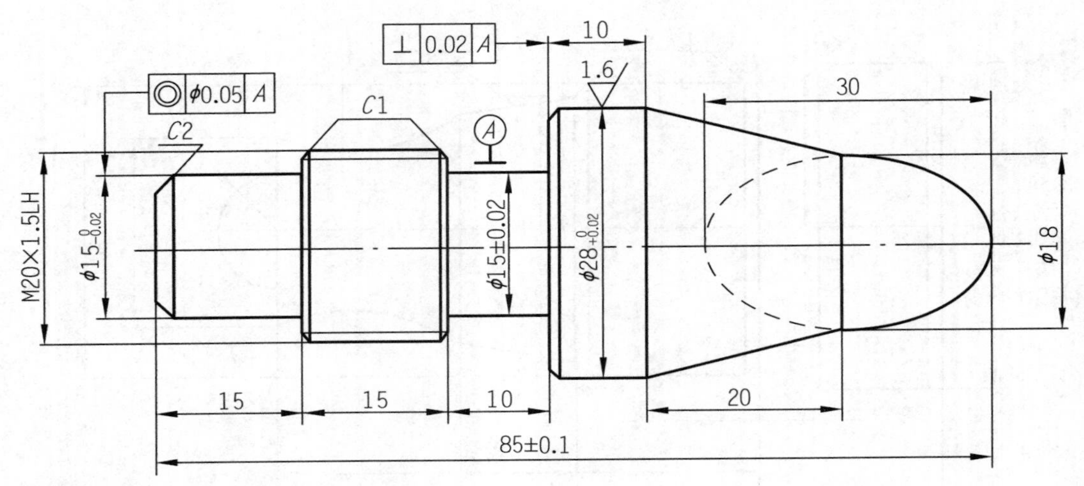

技术要求：

1. 未注倒角 C1。
2. 不允许使用砂布抛光。
3. 未注公差按 GB/T 1804C 加工。

综合练习图 5

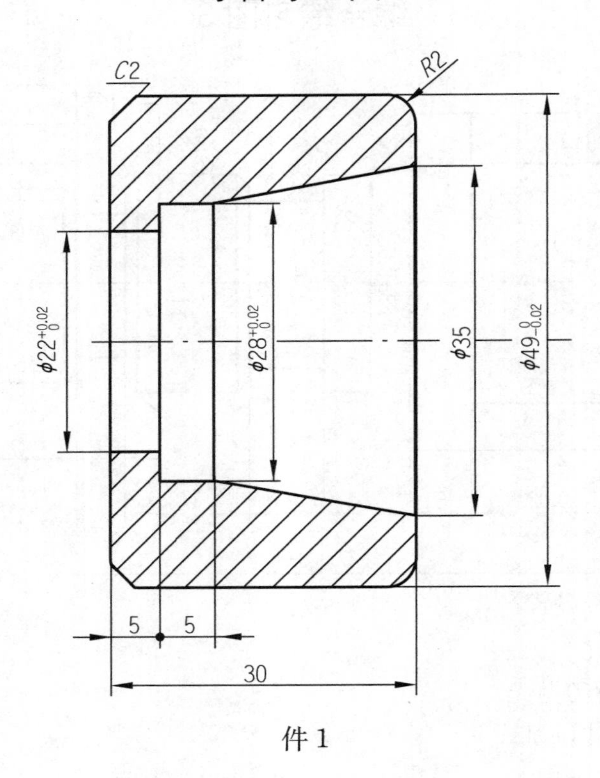

件 1

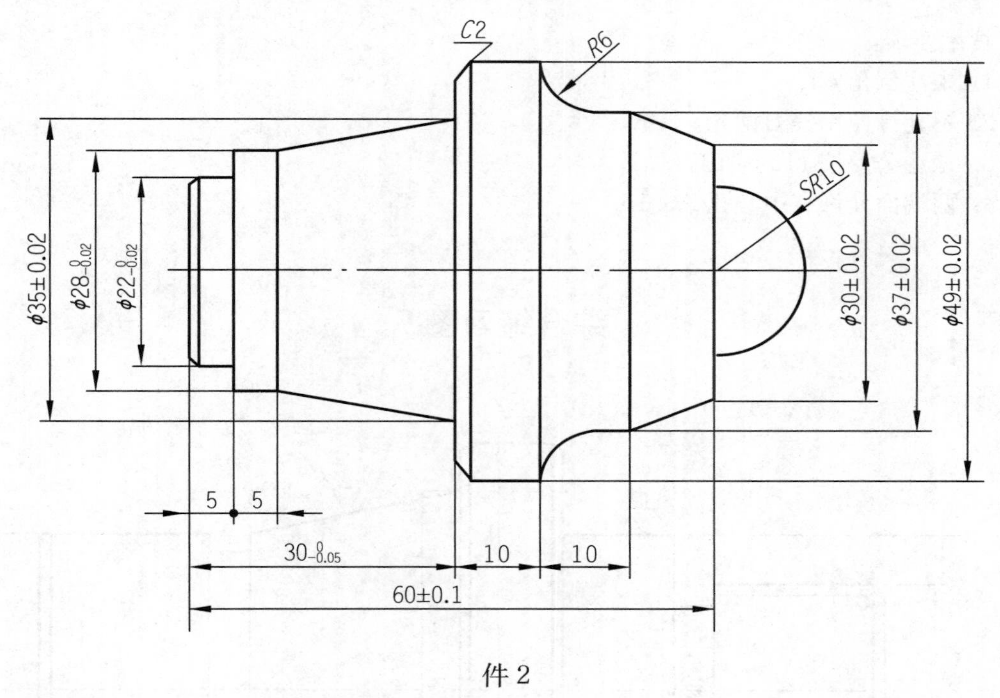

件 2

技术要求：

1. 未注倒角 $C1$。
2. 工件表面不允许使用锉刀修整。
3. 未注公差按 IT14 加工。
4. 件 2 对件 1 锥体部分涂色检验，接触面积大于 60%。

综合练习图 6

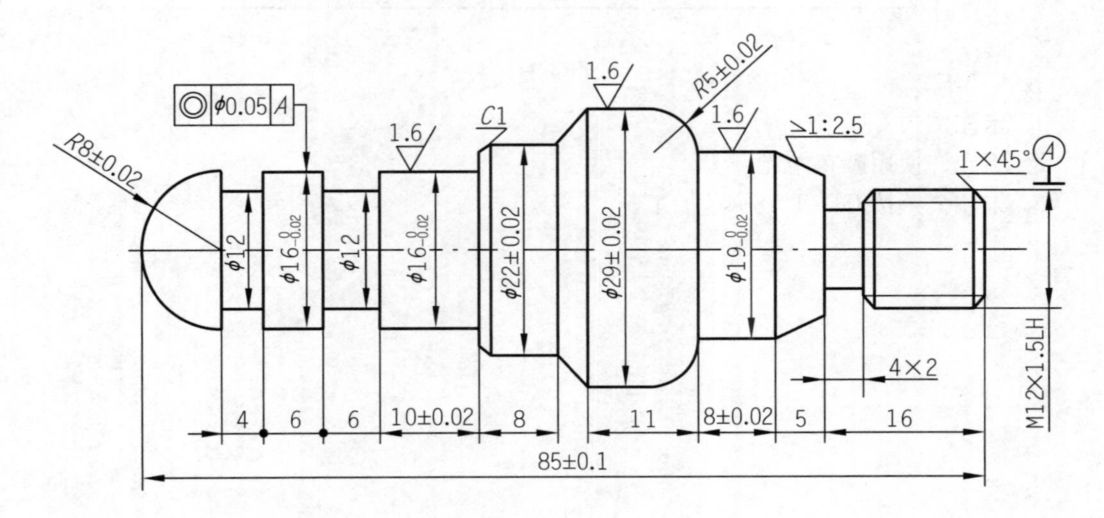

技术要求：
1. 未注倒角 $C1$。
2. 不允许使用锉刀抛光。
3. 未注公差按 IT14 加工。
4. 两端面允许有中心孔 A3. 15。

综合练习图 7

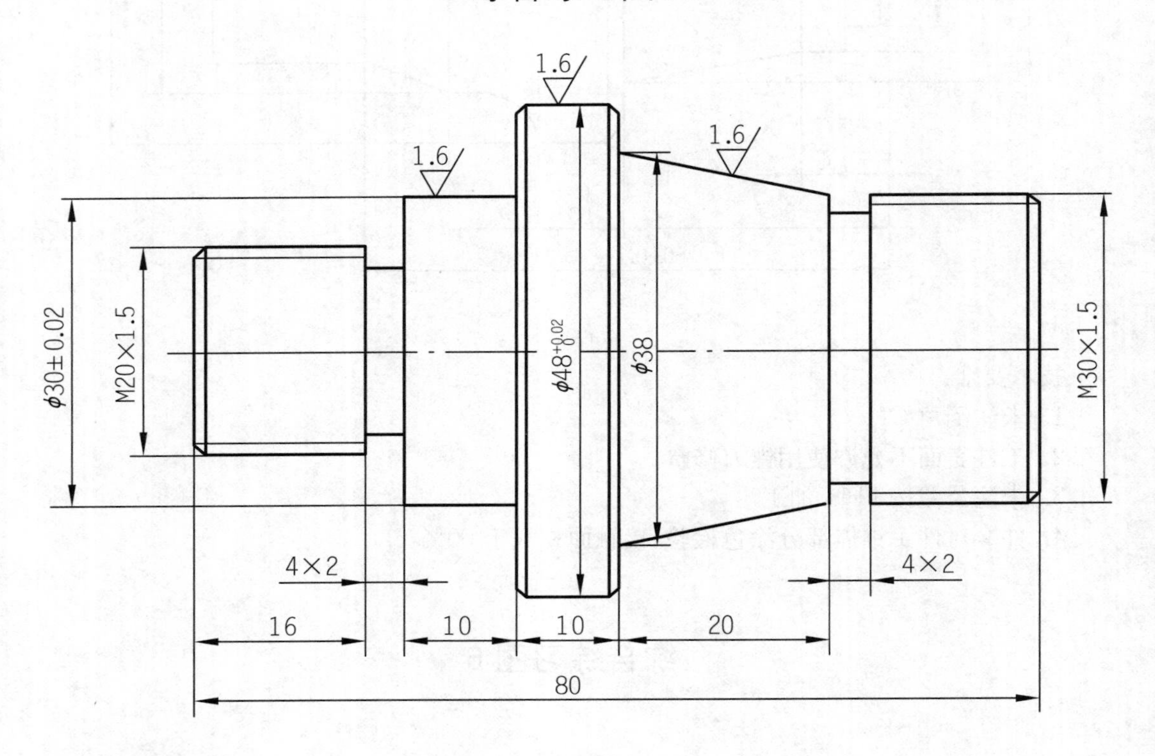

技术要求：
1. 未注倒角 $C1$。
2. 不允许使用砂布抛光。
3. 未注公差按 GB/T 1804C 加工。

综合练习图 8

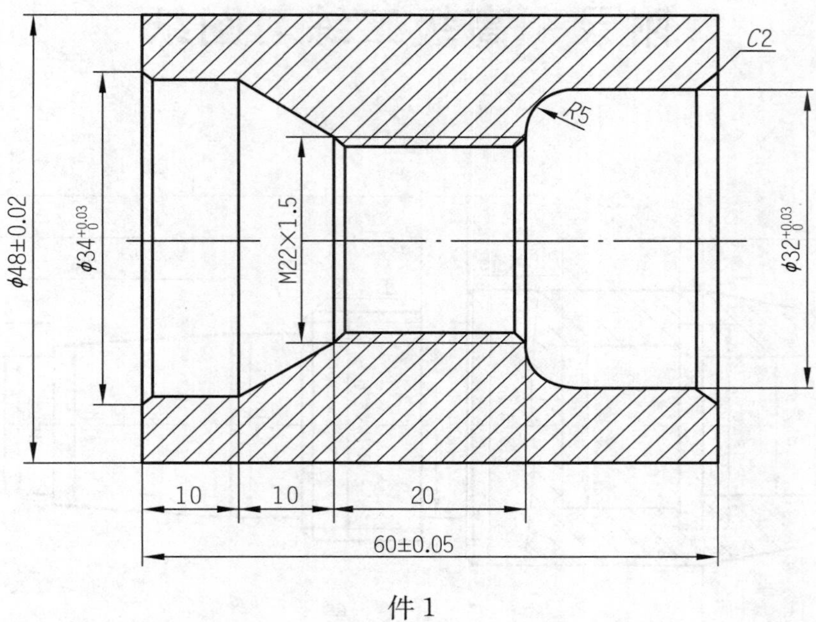

件 1

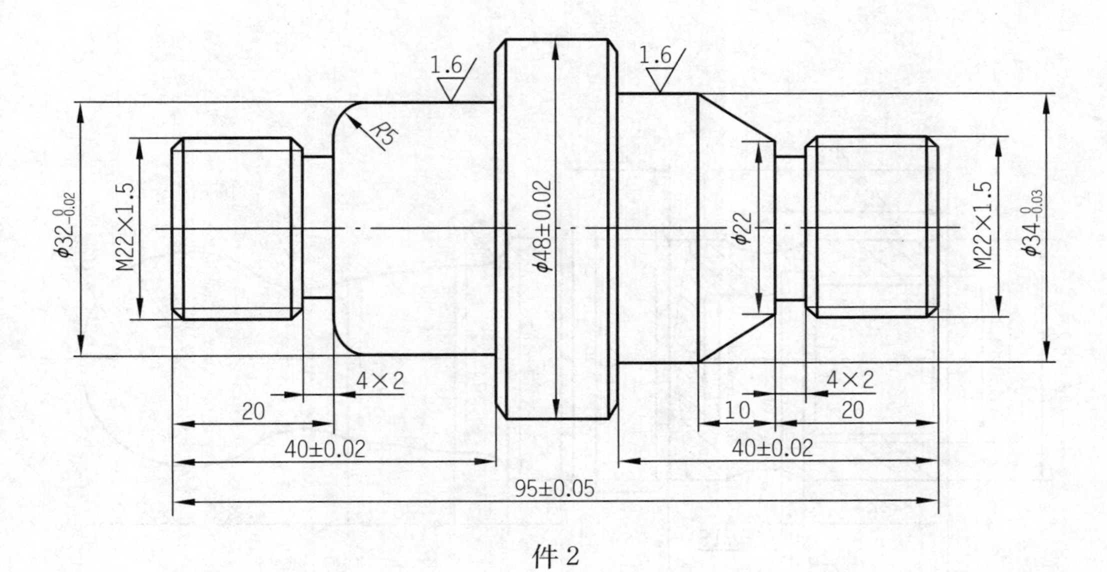

件 2

技术要求：

1. 未注倒角 C1。
2. 不允许使用砂布抛光。
3. 未注公差按 IT14 加工。
4. 涂色检查球孔及锥孔各自接触面积不得小于 60％。
5. 内外螺纹配合良好。

附录　高级工练习图纸

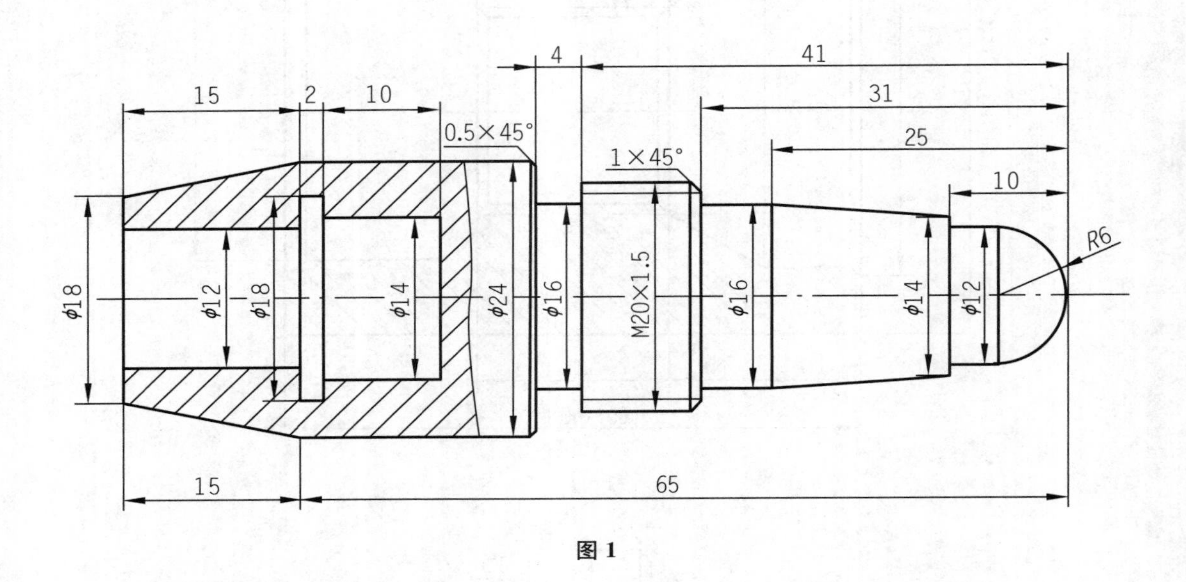

图 1

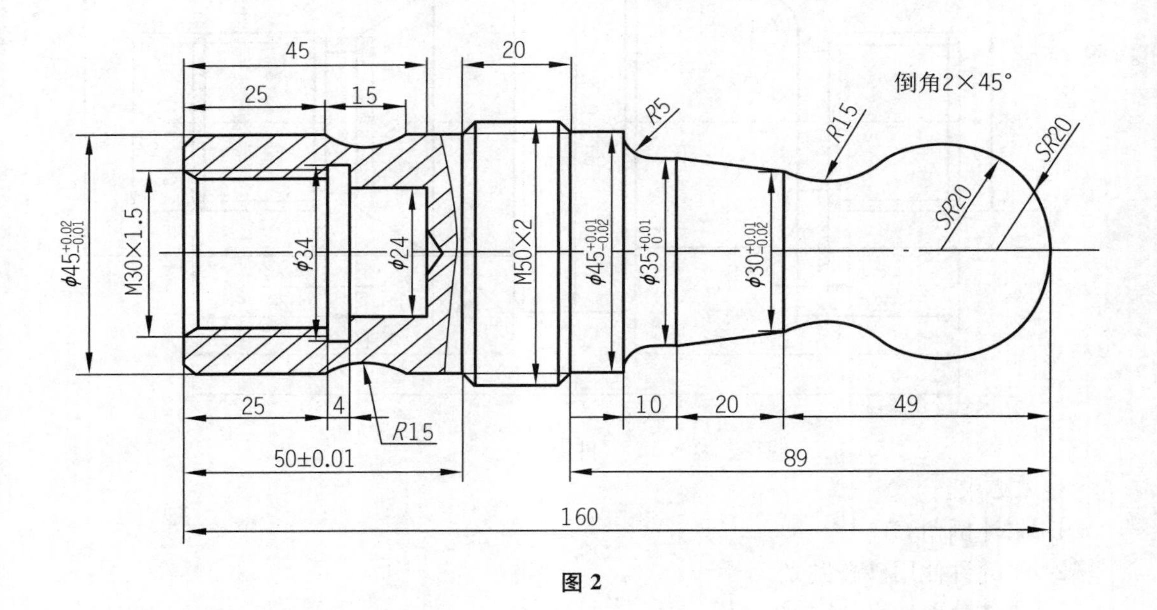

图 2

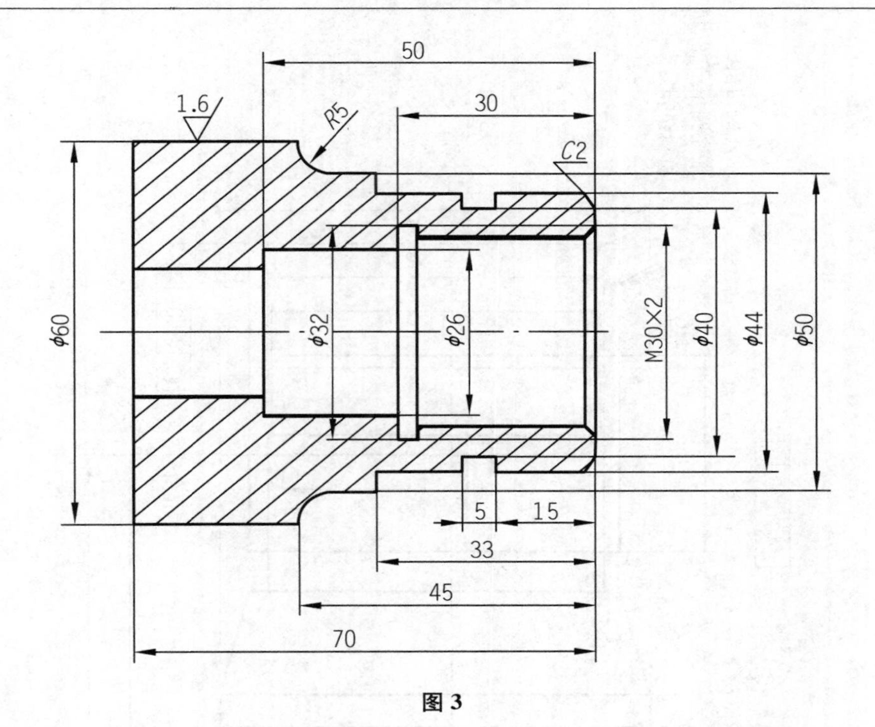

50
30
1.6
R5
C2
ϕ60
ϕ32
ϕ26
M30×2
ϕ40
ϕ44
ϕ50
5
15
33
45
70

图 3

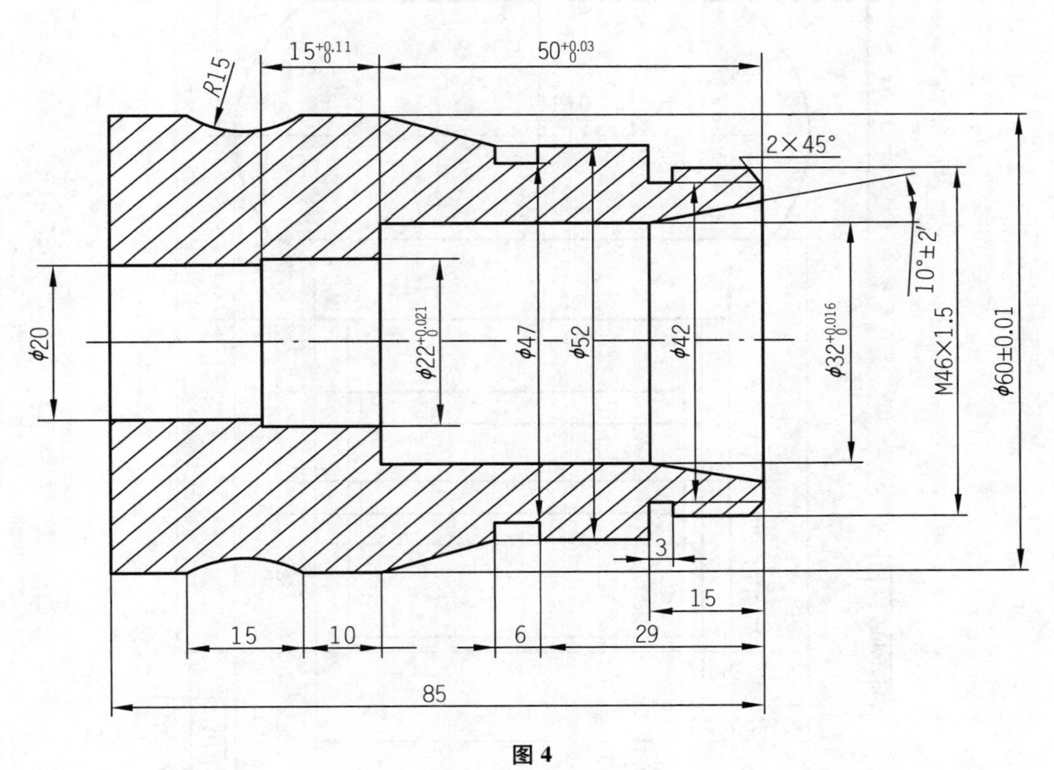

15+0.11 0
50+0.03 0
R15
2×45°
10°±2′
ϕ20
ϕ22+0.021 0
ϕ47
ϕ52
ϕ42
ϕ32+0.016 0
M46×1.5
ϕ60±0.01
3
15
15
10
6
29
85

图 4

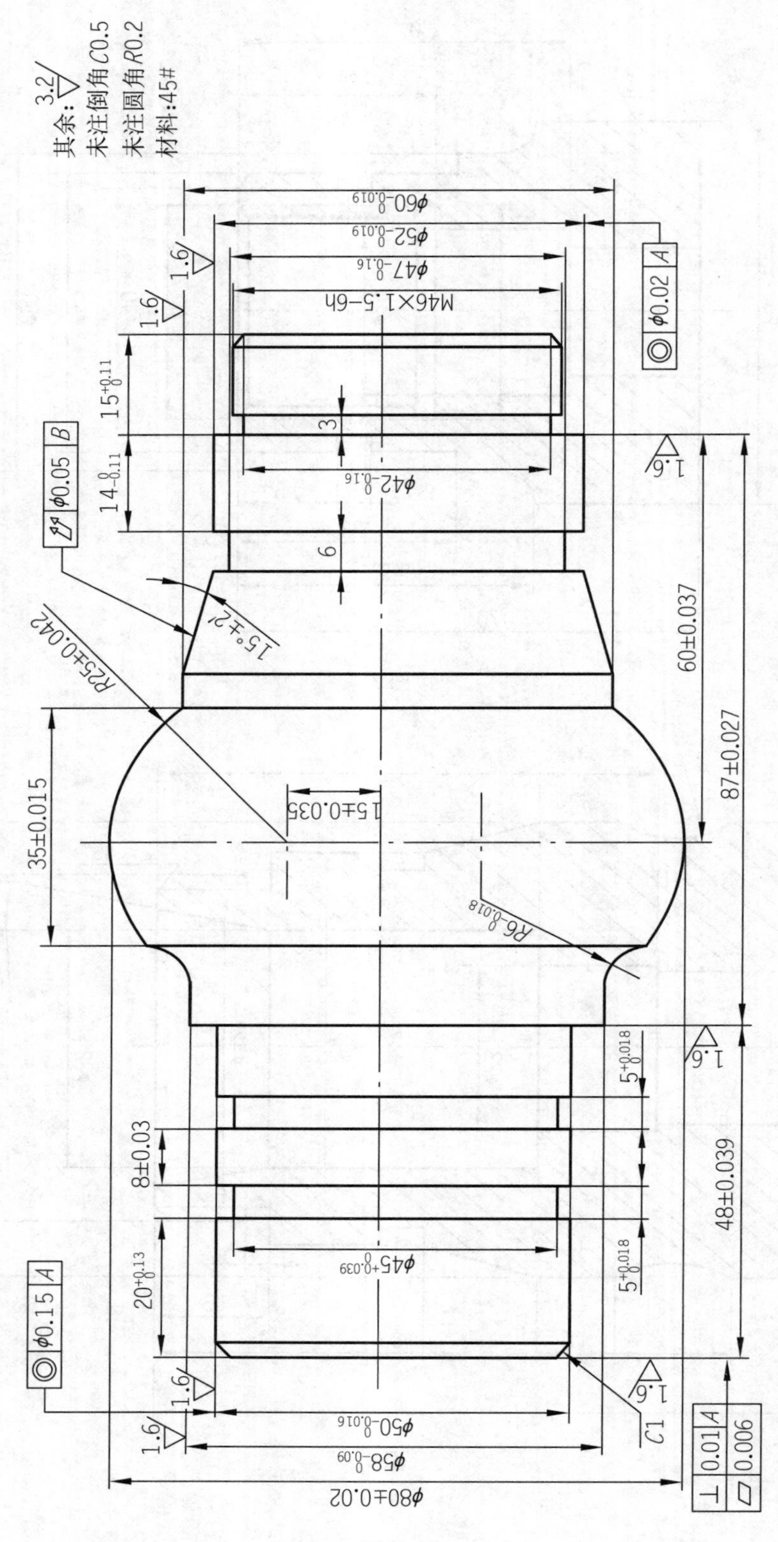
其余:
未注倒角C0.5
未注圆角R0.2
材料:45#
M46×1.5-6h
60±0.037
87±0.027
35±0.015
15±0.035
48±0.039
8±0.03
15°±2′
φ80±0.02
C1

图 5.1

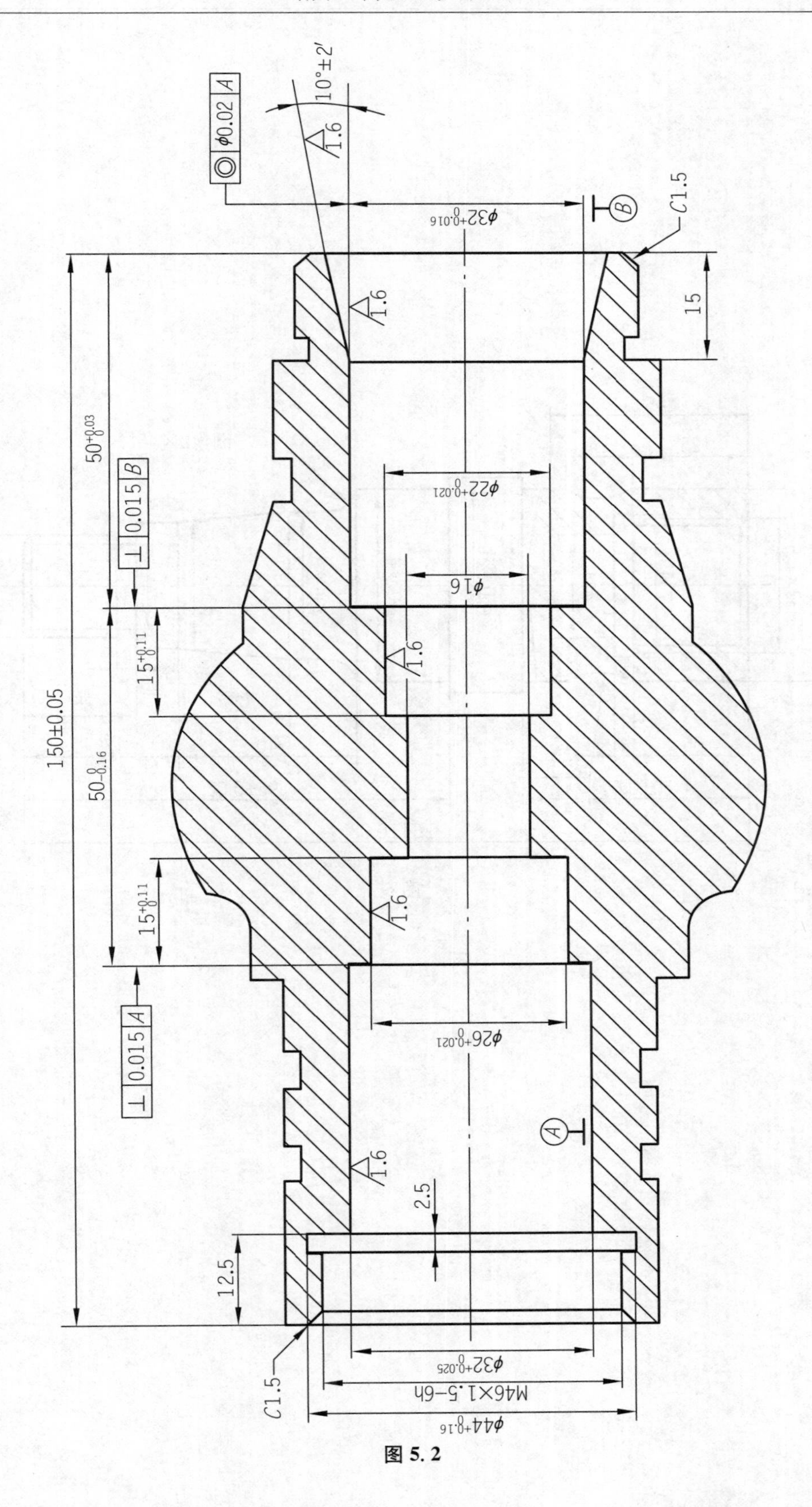
◎ ϕ0.02 A
10°±2′
1.6
ϕ32+0.016 0
B
C1.5
15
50+0.03 0
⊥ 0.015 B
ϕ22+0.021 0
ϕ16
15+0.11 0
150±0.05
50-0.16 0
15+0.11 0
⊥ 0.015 A
ϕ26+0.021 0
A
2.5
12.5
C1.5
ϕ32+0.025 0
M46×1.5-6h
ϕ44+0.16 0

图 5.2

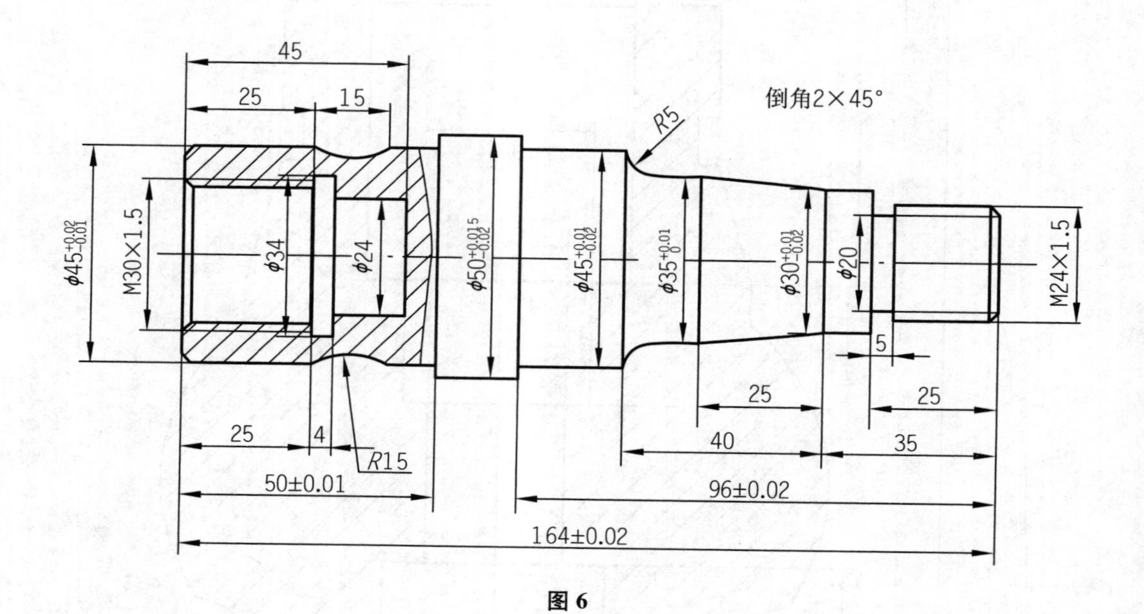

45
25
15
倒角2×45°
R5
ϕ45+0.02 -0.01
M30×1.5
ϕ34
ϕ24
ϕ50+0.015 -0.02
ϕ45+0.01 -0.02
ϕ35+0.01 0
ϕ30+0.01 -0.02
ϕ20
M24×1.5
5
25
25
25
4
R15
40
35
50±0.01
96±0.02
164±0.02

图 6

参考文献

[1] 谭斌. 数控车床的编程与操作实践[M]. 天津:天津科学技术出版社,2004.

[2] 崔树伟,孙丽丽. 数控车床编程与强化实训[M]. 北京:高等教育出版社,2003.

[3] 陈云卿. 数控车床编程与技能训练[M]. 北京:化学工业出版社,2011.

[4] 蒋建强. 数控加工技术与实训[M]. 北京:电子工业出版社,2006.

[5] 韩江. 现代数控车床技术及应用[M]. 合肥:合肥工业大学出版社,2005.

[6] 张云新. 金工实训[M]. 北京:化学工业出版社,2004.

[7] 胡友树. 数控车床编程操作及实训[M]. 合肥:合肥工业大学出版社,2005.

[8] 禹城. 数控车削项目教程[M]. 武汉:华中科技大学出版社,2012.

[9] 姜慧芳. 数控车削加工技术[M]. 北京:北京理工大学出版社,2006.